# 辽河干流地区常见植物图谱

曲 波 孙丽娜 主 编

中国农业大学出版社
· 北京 ·

## 内容简介

本书主要内容包括辽河干流地区常见植物的中文名称、学名、俗名，主要形态特征，生物学特性，大部分植物精美照片。本书是作者近10年实地考察结果整理而成的，书中植物的生境、植株和识别特征等实物照片均为作者在辽河干流地区拍摄，实用性较强，可作为辽河干流地区相关管理人员及从事生态学、环境科学、水利学等相关专业的工程技术人员参考书。

**图书在版编目（CIP）数据**

辽河干流地区常见植物图谱 / 曲波，孙丽娜主编. —北京：中国农业大学出版社，2019.11
ISBN 978-7-5655-2006-8

Ⅰ. ①辽… Ⅱ. ①曲… ②孙… Ⅲ. ①辽河流域–植物–图谱 Ⅳ. ①Q948.523-64

中国版本图书馆 CIP 数据核字（2018）第 067970 号

**书　　名** 辽河干流地区常见植物图谱
**作　　者** 曲　波　孙丽娜　主编

**策划编辑** 孙　勇　　**责任编辑** 孙　勇
**封面设计** 郑　川
**出版发行** 中国农业大学出版社
**社　　址** 北京市海淀区学清路甲 38 号　　**邮政编码** 100193
**电　　话** 发行部 010-62733489，1190　　读者服务部 010-62732336
编辑部 010-62732617，2618　　出　版　部 010-62733440
**网　　址** http://www.caupress.cn　　**E-mail** cbsszs@cau.edu.cn
**经　　销** 新华书店
**印　　刷** 涿州市星河印刷有限公司
**版　　次** 2019 年 11 月第 1 版　2019 年 11 月第 1 次印刷
**规　　格** 889×1 194　16 开本　13.25 印张　390 千字
**定　　价** 135.00 元

**主　编**　曲　波　孙丽娜

**参　编**　陈　苏　张鸿龄　郑冬梅　张　珣　翟　强
张依然　许玉凤　沙德纯　修英涛　李蔚海
孙　权　关　萍　邢岳楠　陈旭辉　张　群
刘苏伟　刘春阳　孙天阳　杨贵彪　田旭飞
苗　青　崔　娜　刘　智　王　迪

# 前 言

河流生态系统为人类提供生活、生产资源与条件，是人类生存和发展的重要生态环境条件，对社会、经济、环境的协调发展至关重要。辽河是我国七大河流之一，其干流始于铁岭福德店，终于盘锦辽河口（原双台子河口），是辽宁省沈阳、铁岭、鞍山、盘锦等重要城市的纽带。随着当地经济高速发展，辽河生态环境遭到严重破坏，已成为影响和限制当地发展的重要因素。近年来各地积极采取措施恢复辽河生态环境，效果显著，辽河生态环境发生翻天覆地的变化，由一条濒死的河流恢复成辽宁中部一条生机勃勃的绿色纽带。

在生态恢复过程中，我们发现辽河干流地区植物种类多，生态型多样，相关部门对形态各异的植物识别困难，影响了当地对辽河干流的植物资源保护、开发与利用，迫切需要简单、明了、实用的植物图册。在国家水体污染治理重大专项的支持下，我们经过大量现场调查，拍摄辽河干流地区不同季节植物照片，经过梳理，形成本书，供相关部门参考使用。同时，本书也可作从事生态学、环境科学、水利学等相关专业的工程技术人员参考书。

本书主要包括辽河干流地区植物群落相关特征及主要植物图谱。植物群落部分主要介绍辽河保护区连续几年植物变化情况，植物图谱部分主要为生长在辽河干流地区的植物生境和重要识别特征。本书由曲波和孙丽娜主编，翟强和苗青负责拍摄植物图片，张群、刘苏伟负责第 1 章，刘春阳、孙天阳负责第 2 章，杨贵彪、田旭飞负责第 3 章，许玉凤、陈旭辉、崔娜、苗青负责第 4 章，陈苏、张鸿龄、郑冬梅、张珣、沙德纯、修英涛、李蔚海、孙权、关萍、邢岳楠、张依然、翟强、刘智、王迪负责第 5 章。

辽河干流地域广阔，难免有调查不到的植物，由于时间匆忙，难免有遗漏，请广大读者批评指正。

感谢国家水体污染与治理重大专项支持。

编　者

2018 年 6 月

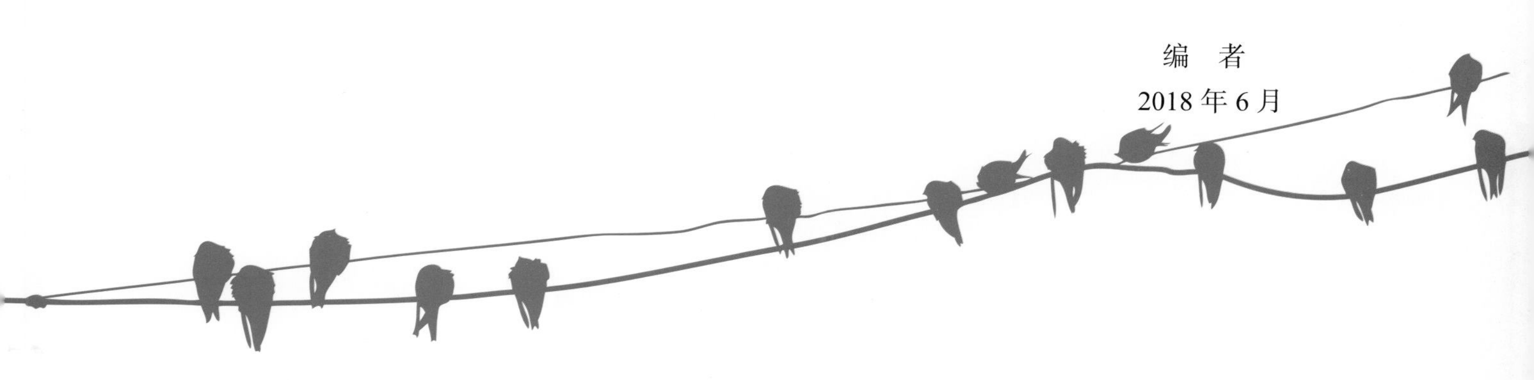

# 目 录

# 引 言

辽河保护区于2010年成立，是中国首个以河流为保护对象的保护区，是河流治理和保护的思路创新和体制创新，在全国河道管理与保护方面开创了先河。为恢复河流生态系统，辽宁省在全河段内对河道两侧农田实行退耕，进行围封，通过自然演替恢复生物多样性。

辽河保护区主要包括辽河干流，始于东西辽河交汇处的铁岭市福德店，终于盘锦市，下入渤海，流经辽宁省铁岭、沈阳、鞍山、盘锦四市，全长538 km，面积1 869.2 $km^2$。地理位置位于121° 41′ E～123° 55.5′ E，40° 47′ N～43° 02′ N。保护区内地势平坦，由东西向中间倾斜，河流流向总体为自北向南。保护区位于辽宁省西部的平原地区，属暖温带半湿润大陆性季风气候，受季风气候的影响，辽河保护区的多年平均气温在4～9℃，降水量为600～700 mm，年际变化较大，年内分配不均匀，集中在6—9月份；降水的年内不均匀分布决定了辽河干流为季节性河流，汛期与降水集中时间同期，而10月份至翌年5月份河流水位低。辽河保护区及其周边地貌主要为冲积平原，土壤类型包括棕壤土、褐土、风沙土、泥炭沼泽土和草甸土等。

辽河干流自然保护区的建立，在保障辽宁中部城市群生态安全的同时，将有效地预防和控制不合理的开发建设可能导致的辽河生态系统退化问题；通过恢复湿地植被，提高水源涵养、防蓄洪水、水体自然净化能力和污染物净化能力，保障水生态安全。同时在提高野生动植物、水生生物多样性，为候鸟提供栖息地，扩大种群数量等方面都具有特殊的意义。

植物是生态系统的重要组成部分，是生态系统中最重要的初级生产者，也是其他动物栖息地的重要组成部分之一。植物多样性是生物多样性的重要组成部分，包括遗传多样性、物种多样性、植物群落多样性、植被多样性等多个层次。辽河保护区2011年开始在全区采取自然封育措施进行生态恢复。为了探讨辽河保护区在自然封育过程中植物多样性的变化规律，对其所属区域进行调查，研究保护区内维管束植物物种组成多样性、区系特点、外来入侵植物、物种多样性等特点。

通过调查发现辽河保护区维管束植物67科210属358种（含7个变种），菊科种类最多，其次为禾本科和豆科；单种科、单属科和单属种均占有很大比例。保护区内的草本植物较多，乔木和灌木较少，草本植物占维管束植物总数的88.55%。本区有13个地理分布型，无热带亚洲分布和中国特有分布，古地中海成分和东亚成分较少，受热带成分影响，但以北方温带成分为主，此外世界分布属相对较多。

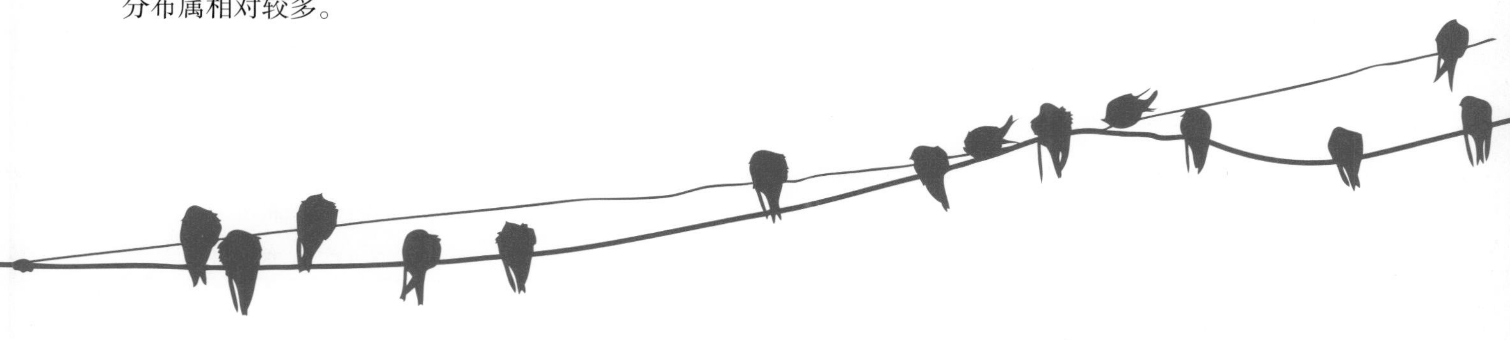

# 第 1 章　辽河保护区维管束植物多样性及属的地理区系成分分析

河流是人类社会生存和发展的起源地，与人类文明、文化和历史息息相关（倪晋仁等，1998）。河流生态系统是自然界最重要的生态系统之一，是生物圈物质循环的重要通道，具有调节气候、改善生态环境以及维护生物多样性等众多功能（董哲仁，2010）。河流系统中的维管束植物是河流生态系统主要的生产者，为河流生态系统中的动物提供栖息和觅食场所，对维持河流生态系统生物多样性起着重要的作用，影响着河流生态系统中的能量流动和物质循环过程（程雷星等，2010；单衍方，2013；赵鸣飞，2013）。

植物区系是指一定地区或国家所有植物种类的总和，是植物界在一定自然地理条件下，特别是在自然历史条件综合作用下发展演化的结果。一个地区植物区系和地理成分分析对于研究这一地区的植物的起源、演化、分布以及与地球历史变迁的关系有着重要意义（王荷生，1972；王荷生，1979；吴征镒与王荷生，1983）。

根据辽河保护区土壤和水文特点，在辽河保护区内的橡胶坝、河流入口、桥梁等重要节点处设置 18 个调查区（表 1-1），从辽河河道至大坝设置宽 50 m 的样带内选取长期调查样地。采用样方法结合踏查等植物调查方法对辽河保护区内的维管束植物进行现场鉴定和记录（单衍方，2013)，结合拍照和标本采集进行室内鉴定，物种鉴定参考《辽宁植物志》（李书心，1988）、《东北草本植物志》（刘慎谔，1959）和《中国植物志》（中国科学院《中国植物志》编辑委员会，2004）等。

**表 1-1　辽河保护区调查区信息**

**Table 1-1　Information of each monitoring area in Liaohe River Reserve**

| 调查区 | 行政所在地 | 地理位置 |
|---|---|---|
| 福德店 | 铁岭市昌图县长发乡 | 42° 58′ 58″ N  123° 32′ 20″ E |
| 三河下拉 | 沈阳市康平县郝官屯镇 | 42° 40′ 27″ N  123° 34′ 08″ E |
| 通江口 | 铁岭市昌图县通江口镇 | 42° 36′ 50″ N  123° 39′ 20″ E |
| 哈大高铁 2 号桥（三家子） | 开原市三家子乡 | 42° 24′ 57″ N  123° 49′ 37″ E |
| 双安桥 | 铁岭市银州区工人街道办事处 | 42° 19′ 29″ N  123° 49′ 55″ E |
| 蔡牛 | 铁岭市铁岭县凡河镇 | 42° 13′ 55″ N  123° 35′ 23″ E |
| 凡河河口 | 铁岭市铁岭县蔡牛乡 | 42° 18′ 02″ N  123° 38′ 15″ E |
| 石佛寺 | 沈阳市沈北新区石佛乡 | 42° 09′ 55″ N  123° 26′ 03″ E |
| 马虎山 | 沈阳市新民市陶家屯乡 | 42° 08′ 07″ N  123° 11′ 18″ E |
| 巨流河 | 沈阳市新民市大喇叭乡 | 42° 00′ 44″ N  122° 56′ 40″ E |
| 毓宝台 | 沈阳市新民市大民屯镇 | 41° 54′ 37″ N  122° 53′ 08″ E |

续表 1-1

| 调查区 | 行政所在地 | 地理位置 |
|---|---|---|
| 满都护 | 沈阳市辽中区满都户镇 | 41° 35′ 17″ N 122° 41′ 17″ E |
| 红庙子 | 鞍山市台安县西佛镇 | 41° 26′ 20″ N 122° 37′ 39″ E |
| 达牛浮桥 | 鞍山市台安县达牛镇 | 41° 23′ 34″ N 122° 38′ 44″ E |
| 大张 | 鞍山市台安县新开河镇 | 41° 16′ 28″ N 122° 30′ 58″ E |
| 盘山闸 | 盘锦市双台子区铁东街道 | 41° 11′ 11″ N 122° 05′ 03″ E |
| 曙光大桥 | 盘锦市兴隆台区曙光街道 | 41° 07′ 07″ N 121° 54′ 27″ E |
| 酒壶咀 | 盘锦市盘山县东郭镇 | 40° 59′ 28″ N 121° 47′ 25″ E |

## 一、维管束植物组成

通过 2011—2013 年连续三年的调查统计，辽河保护区内共发现维管束植物 358 种（含 7 个变种），属于 67 科 210 属。其中蕨类植物 3 种，分属 2 科 2 属，槐叶萍科（Salviniaceae）槐叶萍属（*Salvinia*）1 种，木贼科（Equisetaceae）木贼属（*Equisetum*）2 种；裸子植物 3 种，分属 2 科，柏科（Cupressaceae）侧柏属（*Platycladus*）1 种，松科（Pinaceae）2 种，松属（*Pinus*）和云杉属（*Picea*）各 1 种；其余均为被子植物，共 352 种，分属 63 科，205 属，占总属数的 5.98%，占总种数的 98.32%。其中单子叶植物 87 种，分属 13 科 52 属，双子叶植物 265 种，分属 50 科 153 属，辽河保护区维管束植物科属种的数量统计见表 1-2。通过统计可发现，保护区内的植物主要是双子叶植物，占总种数的 74.02%，是保护区内的第一大类群，其次是单子叶植物，占总种数的 24.30%。

表 1-2　辽河保护区维管束植物科属种的数量统计

Table 1-2　Atatistics of species genera and family of vascular plants

| 植物类群 | 科 | 占总科数百分比 /% | 属 | 占总属数百分比 /% | 种 | 占总种数百分比 /% |
|---|---|---|---|---|---|---|
| 蕨类植物 | 2 | 2.99 | 2 | 0.95 | 3 | 0.84 |
| 裸子植物 | 2 | 2.99 | 3 | 1.43 | 3 | 0.84 |
| 单子叶植物 | 13 | 19.40 | 52 | 24.76 | 87 | 24.30 |
| 双子叶植物 | 50 | 74.63 | 153 | 72.86 | 265 | 74.02 |

辽河保护区内植物所属的科较为集中，所含物种数超过 10 的科有菊科（Compositae）74 种、禾本科（Gramineae）47 种、豆科（Leguminosae）30 种、莎草科（Cyperaceae）16 种、蓼科（Polygonaceae）14 种、蔷薇科（Rosaceae）14 种、藜科（Chenopodiaceae）13 种和毛茛科（RanuncuIaceae）10 种，共 8 科，占总科数的 11.94%（表 1-3）。这 8 个科共 106 属 218 种，占总属数的 50.48%，占总种数的 60.89%，由此可见这 8 个科在保护区内植物组成中占据主导地位。菊科所含的属种数是最多的，含 32 属 74 种，占总属数的 15.24%，占总种数的 20.67%，可见菊科植物在保护区植物物种组成中处于优势地位。辽河保护区内含有 1 种植物的科有 26 个，如木犀科（Oleaceae）、夹竹桃科（Apocynaceae）、睡莲科（Nymphaeaceae）、紫葳科（Bignoniaceae）和忍冬科（Caprifoliaceae）等，占总科数的 38.81%。

表 1-3 含 10 种以上的科及其属种统计

Table 1-3 Statistics of family of which contain more than 10 species

| 科 | 属数 | 占总属数百分比 /% | 种数 | 占总种数百分比 /% |
|---|---|---|---|---|
| 菊科 | 32 | 15.24 | 74 | 20.67 |
| 禾本科 | 30 | 14.29 | 47 | 13.13 |
| 豆科 | 18 | 8.57 | 30 | 8.38 |
| 莎草科 | 5 | 2.38 | 16 | 4.47 |
| 蓼科 | 2 | 0.95 | 14 | 3.91 |
| 蔷薇科 | 8 | 3.81 | 14 | 3.91 |
| 藜科 | 7 | 3.33 | 13 | 3.63 |
| 毛茛科 | 4 | 1.90 | 10 | 2.79 |

辽河保护区植物属中所含物种超过 10 种的属仅有 1 属，为蒿属（*Artemisia*），包含有 14 种植物，占总种数的 3.91%（见表 1-4，下同）。含有物种数 6~10 种的有 5 属，分别是蒲公英属（*Taraxacum*）、藜属（*Chenopodium*）、毛茛属（*Ranunculus*）、藨草属（*Scirpus*）和蓼属（*Polygonum*），共 35 种，占总属数的 2.83%，占总种数的 9.78%。含 2~5 种植物的属分别有 60 属 165 种，占总属数的 28.57%，占总种数的 46.09%。含有 1 种植物的属有 144 属，占总属数的 68.57%，占总种属的 40.22%。

表 1-4 维管束植物属内种的组成

Table 1-4 Division of genera in vascular plats

| 种数 | 属数 | 占总属数百分比 /% | 总种数 | 占总种数百分比 /% |
|---|---|---|---|---|
| 1 | 144 | 68.57 | 144 | 40.22 |
| 2~5 | 60 | 28.57 | 165 | 46.09 |
| 6~10 | 5 | 2.38 | 35 | 9.78 |
| ≥11 | 1 | 0.48 | 14 | 3.91 |

单种科和单属科反映了植物科进化过程中两个相反的方向，一个是新产生的科，其属种尚未分化；另一个是演化终极的科，属种已大量消亡，现存的是残遗种类。对单种科和单属科的分析可反映出一个地区植物进化的历史和现状（潘晓玲等，2001）。据统计，保护区内的单种科有 26 个，占总科数的 38.81%；单属科有 38 个，占总科数的 56.72%，丰富的单种科和单属科，表明辽河保护区由于围封前长期的耕种和放牧等人类干扰活动，保护区内的物种大量消亡，同时也说明保护区内的植物多样性正处在恢复阶段。

## 二、植物生长型多样性

生长型是指植物体一般结构的形态特征，是根据生活习性划分的。《中国植被》（中国植被编辑委员会，1980）的生长型系统是按生态学原则制定的，据此将辽河保护区维管束植物生长型划分为乔木、灌木和草本 3 大类群（图 1-1），从生长型谱（宋永昌，2001）可知，保护区内有草本植物

317 种，占维管束植物总数的 88.55%；灌木植物 23 种，占维管束植物总数的 6.42%；乔木植物 18 种，占维管束植物总数的 5.03%。

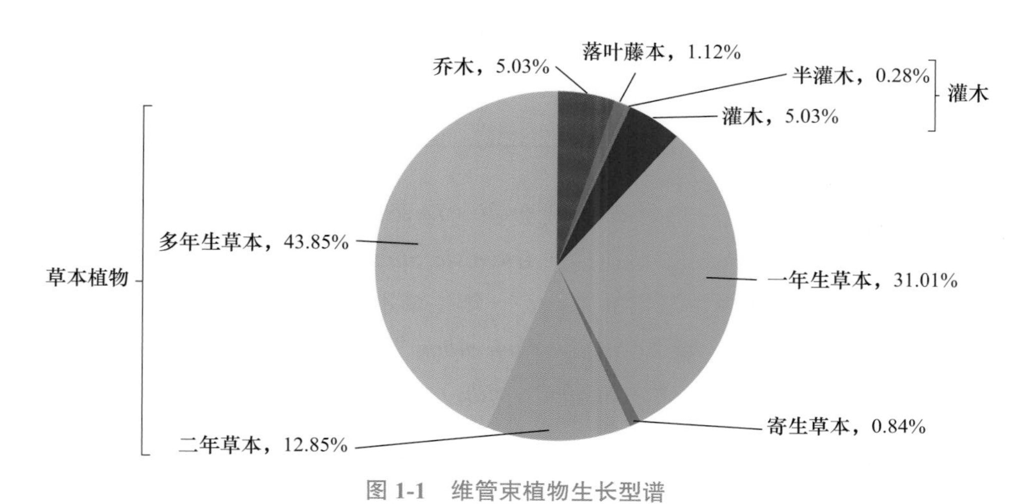


图 1-1　维管束植物生长型谱

Fig 1-1　Growth-form spectrum of vascular plant

辽河保护区河流两岸的草本植物以多年生草本为主，其种数多于一年生草本和二年生草本，但与一二年生草本植物总种数相当。多年生植物主要为菊科、豆科和禾本科植物，这 3 个科多年生草本共有 82 种，占多年生草本植物总数的 52.23%。保护区内的二年生草本相对较少，有 46 种，菊科植物 19 种，十字花科（Cruciferae）7 种，这 2 科占据了二年生草本总数的 56.52%。寄生草本仅有 3 种，分别为向日葵列当（*Orobanche coerulescens*）、菟丝子（*Cuscuta chinensis*）和日本菟丝子（*Cuscuta japonica*）。一年生草本是保护区内的另一大类群，主要为菊科、禾本科、蓼科和藜科植物，辽河保护区这 4 个科共有一年生草本 60 种，占一年生草本总种数的 54.05%。

辽河保护区内的乔木种类较少，落叶阔叶林是以杨属、柳属和榆属为主的人工林，种类比较单一，此外部分地区还有少量的刺槐（*Robinia pseudoacacia*）和火炬树（*Rhus typhina*）人工林。仅在一些地区形成了少量的以杨、柳和榆为主的自然群落。保护区内有天然的桑生长，但多为零星分布，柽柳（*Tamarix chinensis*）未见有成年的植株，仅在一些地区出现自然生长的幼苗。除以上的乔木外，保护区内的其他乔木几乎都是人为引入的，分布较少，适应性还有待观察。保护区内的半灌木是各类中最少的，仅有 1 种，为罗布麻（*Apocynum venetum*）。落叶藤本有 3 种，分别为杠柳（*Periploca sepium*）、五叶地锦（*Parthenocissus quinquefolia*）、爬山虎（*Parthenocissus tricuspidata*）和花叶爬山虎（*Parthenocissus henryana*）。灌木中除杞柳（*Salix purpurea*）和杠柳外，其他的灌木几乎都是用于绿化观赏而人为引入保护区的。除有少量人工群落外，其他还未见其自然群落。如红瑞木（*Cornus alba*）和水蜡（*Ligustrum obtusifolium*）等，仅分布在少数人工栽培的区域内。杞柳在保护内有少量的自然群落和一定数目的人工群落。

## 三、植物生活型分析

采用 Raunkiaer 的生活型分类方法（Raunkiar C，1932），将保护区内的植物划分为高位芽植物、地上芽植物、地面芽植物、地下芽植物和一年生草本五大生活型类群（表 1-5）。

表 1-5 维管束植物生活型统计

Table 1-5 Statistics of life form of vascular plant

| 项目 | 一年生草本 | 地下芽植物 | 地面芽植物 | 地上芽植物 | 高位芽植物 |
|---|---|---|---|---|---|
| 数量 / 种 | 114 | 61 | 138 | 5 | 40 |
| 百分比 /% | 31.84 | 17.04 | 38.55 | 1.40 | 11.17 |

保护区内的地面芽植物有 138 种，如蒲公英（*Taraxacum mongolicum*）、毛茛（*Ranunculus japonicus*）、马兰（*Kalimeris indica*）、黄花蒿（*Artemisia annua*）、加拿大蓬（*Erigeron cannadensis*）等植物，占 38.55%，是保护区内生活型的主体。一年生草本有 114 种，占 31.84%，一年生草本较多，如苋（*Amaranthus tricolor*）、藜（*Chenopodium album*）、马唐（*Digitaria sanguinalis*）、酸模叶蓼（*Polygonum lapathifolium*）、狗尾草（*Setaria viridis*）、鬼针草（*Bidens pilosa*）等，这与保护区之前长期的耕作有关，在恢复初期有着大量的一年生农田生杂草。此外保护区处于北温带，由于寒冷的气候，植物采用种子越冬有利于度过不良的气候条件。地下芽植物 61 种，如水蒿（*Artemisia selengensis*）、菊芋（*Helianthus tuberosus*）、莲（*Nelumbo nucifera*）、芦苇（*Phragmites australis*）等，占 17.04%。高位芽植物 40 种，如杨、柳、火炬树、杞柳等乔木和灌木，占 11.17%。地上芽植物 5 种，有兴安胡枝子（*Lespedeza davurica*）、罗布麻和万年蒿（*Artemisia sacrorum*）等，占 1.40%。

## 四、维管植物属的地理成分分析

属的分类特征相对稳定，并占有较稳定的分布区。在进化过程中可随地理环境条件的变化而产生分化，表现出明显的地区性差异。同时，一个属所包含的种常具有同一起源和相似的进化趋势。所以属比科更能反映植物系统发育过程中的进化分化情况和地区性特征（张光富，2003）。

参考吴征镒的分布区类型系统（吴征镒，1991），同时依据李伟的洪湖水生维管束植物区系研究（李伟，1979）进行区系划分，将保护区内的 210 属划分为 13 个分布类型，统计见表 1-6。根据王荷生的中国植物区系的性质和各成分间的关系（王荷生，1979），又将这些分布类型分为 4 类主要成分（不包括世界性分布成分），即热带成分（分布型 2～7）、北方温带成分（8～11）、古地中海成分（12～13）和东亚成分（14～15），其中热带成分中缺少热带亚洲分布，保护区内没有中国特有种分布，其他的分布类型均有分布。

表 1-6 维管束植物属的分布型统计

Table 1-6 Disteibution patterns of genera of vascular plants

| 序号 | 分布区类型 | 属数 | 占总属数百分比 /% |
|---|---|---|---|
| 1 | 世界分布 | 49 | — |
| 2 | 泛热带分布 | 19 | 11.80 |
| 3 | 热带亚洲和热带美洲间断分布 | 5 | 3.11 |
| 4 | 旧世界热带分布 | 2 | 1.24 |
| 5 | 热带亚洲至热带大洋洲分布 | 2 | 1.24 |

续表 1-6

| 序号 | 分布区类型 | 属数 | 占总属数百分比 /% |
|---|---|---|---|
| 6 | 热带亚洲至热带非洲分布 | 5 | 3.11 |
| 7 | 热带亚洲分布 | — | — |
| 8 | 北温带分布 | 67 | 41.61 |
| 9 | 东亚和北美洲间断分布 | 15 | 9.32 |
| 10 | 旧世界温带分布 | 22 | 13.66 |
| 11 | 温带亚洲分布 | 7 | 4.35 |
| 12 | 地中海、西亚至中亚分布 | 4 | 2.48 |
| 13 | 中亚分布 | 3 | 1.86 |
| 14 | 东亚分布 | 10 | 6.21 |
| 15 | 中国特有种分布 | — | — |

世界型分布成分，为世界广布，只有一个分布类型即世界分布，保护区内有 49 属，但此类型的属分布广泛，不能反映统计区域内植物区系的地理特点，因此在分布区类型统计中不计算在内。保护区内热带成分 33 属，占总属数的 20.50%（不包括世界分布属，下同）。北方温带成分是辽河保护区含有属最丰富的成分，共 111 属，占总属数的 68.94%。古地中海成分 7 属，占总属数的 4.34%。东亚成分 10 属，占总属数的 6.21%。由此可见保护区内的植物区系组成以温带成分为主，具有明显的温带性质。温带成分如杨属（*Populus*）、柳属（*Salix*）、蒿属、稗属（*Echinochloa*）、旋覆花属（*Inula*）等在保护区植物群落的构建中起着重要的作用。现在将 13 个地理成分分述如下：

## 1. 世界分布

指包括几乎遍布世界各大洲的属，没有特殊分布中心的，或有一个或数个分布中心但包含世界分布种的属。保护区内此类有 49 属，仅少于北温带分布属。保护区内常见的有芦苇属（*Phragmites*）、豚草属（*Ambrosia*）、藜属（*Chenopodium*）、苋属（*Amaranthus*）、藨草属（*Scirpus*）、香蒲属（*Typha*）、蓼属（*Polygonum*）等，此分布类型具有较强的适应性分布广泛，在水生和陆生植物群落构建中起着重要的作用，如芦苇群落、香蒲（*Typha orientalis*）群落、藜（*Chenopodium album*）群落和三裂叶豚草（*Ambrosia trifida*）群落，在保护区内分布广泛，且具有大面积的单一或混合群落。

## 2. 泛热带分布

此类型普遍分布于东半球和西半球热带，在全世界热带范围分布中心有一个或数个，但在其他地区也有种类分布的热带属。包括分布到亚热带甚至温带地区，但其分布中心原始类型仍在热带范围。本区分布有 19 属，为本区的第三大分布类型，占总属数 11.80%，如卫矛属（*Euonymus*）、打碗花属（*Calystegia*）、鸭跖草属（*Commelina*）、泽芹属（*Sium*）、菟丝子属（*Cuscuta*）和苘麻属（*Abutilon*）等。

### 3. 热带亚洲和热带美洲间断分布

这一类型包括间断分布于美洲和亚洲温暖地区，在旧世界（东半球）从亚洲可能延伸到澳大利亚东北部或西南太平洋岛屿的热带属。有 5 属，占总属数的 3.11%。分别为秋英属（*Cosmos*）、万寿菊属（*Tagetes*）、凤眼莲属（*Eichhornia*）、碧冬茄属（*Petunia*）和砂引草属（*Messerschmidia*）。

### 4. 旧世界热带分布

旧世界热带是指亚洲、非洲和大洋洲热带地区及其临近岛屿，以与美洲新大陆热带相区别。本区有 2 属，占 1.24%，分别为雨久花属（*Monochoria*）和牛膝菊属（*Galinsoga*）。

### 5. 热带亚洲至热带大洋洲分布

此类型为旧世界热带分布区东翼，其西端可达马达加斯加，但一般不到达非洲大陆，主要起源于古南大陆。有 2 属，分别为结缕草属（*Zoysia*）和通泉草属（*Mazus*），占 1.24%。

### 6. 热带亚洲至热带非洲分布

这一类型是旧世界热带分布区类型的西翼，即从热带非洲到印度 - 马来西亚，尤其是其西部（西马来西亚），有的属也分布到斐济等南太平洋岛屿，但不见澳大利亚大陆分布。本区有 5 属。分别是大豆属（*Glycine*）、芒属（*Miscanthus*）、黍属（*Panicum*）、荩草属（*Arthraxon*）和杠柳属，占 3.11%。

### 7. 北温带分布

指广泛分布于欧洲、亚洲和北美洲温带地区的属，虽然有些属延伸到热带山区，甚至南半球温带，但其分布中心和原始类型仍在北温带。本区有 67 属，占 41.61%，是各分布成分中最多的。常见的属有蒿属、蒲公英属、稗属、槭属（*Acer*）、委陵菜属（*Potentilla*）、地肤属（*Kochia*）、榆属（*Ulmus*）、杨属（*Populus*）和柳属（*Salix*）等，不但是本区的常见植物，而且在本区的植物群落恢复和构建中，起着非常重要的作用。

### 8. 东亚和北美洲间断分布

指间断分布于东亚和北美洲温带及亚热带地区的属，共 15 属，占 9.32%。如罗布麻属（*Apocynum*）、扯根菜属（*Penthorum*）、爬山虎属（*Parthenocissus*）、胡枝子属（*Lespedeza*）和火绒草属（*Leontopodium*）等。

### 9. 旧世界温带分布

指广泛分布于欧洲、亚洲中高纬度温带和寒温带，但也有个别延伸到亚洲 - 非洲热带山地或澳大利亚的属。本区有 22 属，如草木犀属（*Melilotus*）、柽柳属（*Tamarix*）、飞蓬属（*Erigeron*）、苜蓿属（*Medicago*）、牛蒡属（*Arctium*）和益母草属（*Leonurus*）等，占 13.66%。

### 10. 温带亚洲分布

指分布于亚洲温带地区的属，其南部界线至喜马拉雅山区、我国西部、华北至东北，以及朝鲜和日本北部。它起源于古北大陆，并且是一群较年轻的成分，此类本区较少有 7 属，占 4.35%，有紫萍属（*Spirodela*）、附地菜属（*Trigonotis*）、马兰属（*Kalimeris*）、甘草属（*Glycyrrhiza*）、米口袋属（*Gueldenstaedtia*）、鸦葱属（*Scorzonera*）和轴藜属（*Axyris*）。

### 11. 地中海、西亚至中亚分布

是指分布于现代地中海周围，经过西亚和西南亚至苏联中亚和我国新疆、青藏高原及内蒙古高原一带的属。本区有 4 属，分别为糙苏属（*Phlomis*）、鹅绒藤属（*Cynanchum*）、紫苏属（*Perilla*）和牻牛儿苗属（*Erodium*），占 2.48%。

### 12. 中亚分布

是指分布于中亚，特别是中亚山地，而不见于地中海周围及西亚的属，约位于古地中海的东半部。本区有 3 属，分别为大麻属（*Cannabis*）、角蒿属（*Inearvillea*）和岩黄芪属（*Hedysarum*），占 1.86%。

### 13. 东亚分布

指由东喜马拉雅一直分布到日本的一些属。它与东亚北美成分有共同起源，即第三纪古热带起源。本类型一般分布区较小，几乎都是森林植物区系，大多分布于北纬 20°～40°之间，东亚植物区系有许多古老成分和高比例木本成分，本区 10 属。如萝藦属（*Metaplexis*）、泥胡菜属（*Hemistepta*）和锦带花属（*Weigela*）等，占 6.21%。

辽河保护区有维管束植物 358 种（含 7 个变种），其中蕨类植物 3 种，分属 2 科 2 属；裸子植物 3 种，分属 2 科 3 属；被子植物 352 种，分属 63 科 205 属，占总属数 5.98%，占总种数 98.32%。主要科为菊科，含 32 属 74 种；其次为禾本科，30 属 47 种；第三位为豆科，含 18 属 30 种。这 3 科植物是保护区内植物的主要物种。丰富的单种科和单属科，表明辽河保护区由于围封前长期的耕种和放牧等人类干扰活动，使保护区内的物种大量消亡，同时也说明保护区内的植物多样性正处在恢复阶段。

由于辽河保护区围封的时间短，围封初期保护区内的草本植物占有的比例大，乔木和灌木相对较少。保护区内的乔木群落的种类单一，自然形成的群落少，还有待恢复。植物生活型中地面芽植物占主要地位，一年生草本相对较多，这可能与保护区之前长期的耕作有关，在围封初期有着大量的一年生农田杂草。此外保护区处于北温带，由于寒冷的气候，植物采用种子越冬有利于度过不良的气候条件。

辽河保护区位于北温带，保护区内植物的属也以北方温带成分为主，但同时受热带成分影响。古地中海成分和东亚成分较少。此外本区没有热带亚洲分布和中国特有分布的属。保护区在围封前长期受耕种等人为破坏因素影响，而世界分布属有较强的适应性，因此保护区内世界分布的属相对较多。同时世界分布属在保护区内水生和陆生植物群落构建中起着重要的作用，如芦苇群落、香蒲群落、藜群落和三裂叶豚草群落，在保护区内分布广泛，且具有大面积的单一或混合群落。

# 第 2 章　辽河保护区维管束植物物种多样性变化

植物物种多样性指的是植物多样性在物种水平上的表现形式。物种是生物分类学研究的基本单元与核心，也是研究物种多样性的前提与基础，是指占有相应的自然地理分布区域，具有一定形态、生理和生态特征，并且能够繁殖出有生殖能力的后代相互进行交流基因的自然生物类群（Mayden，1997）。物种水平上的生物多样性即物种多样性（汪永华，2000），物种多样性是一个群落功能复杂性和群落结构的量度，研究物种多样性在生态学研究中是非常重要的内容（张育新等，2009）。同时复杂性生境以及自然和人为干扰因素的影响，使植物的分布规律更加多变，植物物种多样性能反映出河流生态系统受人为或自然因素干扰所发生的环境变化。对辽河保护区物种多样性进行分析，可以反映出辽河保护区植物群落及其环境的保护状态。国内外对植物及其物种多样性的研究较多（刘灿然等，1998；吕佳佳与吴建国，2009；徐远杰等，2010；张萌等，2010；谭雪红与张翠英，2013），本文对辽河保护区内的植物物种多样性进行研究，以期为辽河保护区的生态保护和生态恢复提供科学依据。

## 一、植物群落的物种组成

根据 18 个调查区的调查资料统计，3 年共调查到维管束植物 358 种。单种科有 26 个，占总科数的 38.81%。单属科有 27 个，占总科数的 40.30%。单种属有 144 个，占总属数的 68.57%。

辽河保护区内的植被以草本为主，而且季节变化明显。菊科（74 种）、禾本科（47 种）、豆科（30 种）、莎草科（16 种）、蓼科（14 种）、和藜科（13 种）（图 2-1），这 6 科占保护区内维管束植物总数的 54.19%，是保护区内群落组成中的优势物种，在保护区围封的 3 年中都形成了一定的优势群落，如黄花蒿、华黄耆、小叶章、藨草、东方蓼和藜等。虽然蔷薇科（14 种）和毛茛科（10 种）的物种较多，但并无优势群落形成。

菊科是保护区内现阶段最具优势的物种，同时具有物种数目和物种群体数量上的优势，而且在群落构成中也具有明显的优势，除酒壶咀调查区外的其他 17 个调查区都有明显的优势群落。围封初期的一二年生草本植物群落如茵陈蒿群落、加拿大蓬群落、三裂叶豚草群落等，随着围封开始增多的多年生草本群落如水蒿群落、大蓟群落和野艾蒿群落等。禾本科也是一些调查区内主要的优势物种，是地区植物群落的主要类群。如红庙子、达牛浮桥小叶章、曙光大桥和酒壶咀的芦苇等。豆科的野大豆是分布最广的层间植物，华黄耆在沿河区域形成了大量的优势群落，刺果甘草也有比较广的分布，紫花苜蓿和白三叶是保护区内的主要牧草和草坪草。莎草科和蓼科在沿河和水分较多的区域形成了一些群落。藜科是保护区 2011 年群落的主要构成者，尤其是藜和地肤有着大量的优势群落。蔷薇科除羽叶委陵菜在保护区内分布广泛外，其他种类都比较少，其中很多是人为引种的观赏植物，如珍珠梅和紫叶风箱果等，适应性较差。保护区内的毛茛科植物都是矮小的草本植物，除碱毛茛属的一些植物在沿河分布较多外，其他的在保护区内是偶有零星分布。

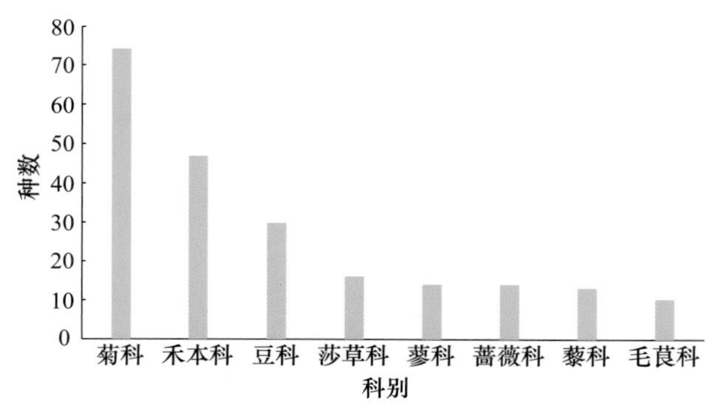


图 2-1　辽河保护区主要维管束植物科的物种数

Fig 2-1　Number of species of the main families in Liaohe River Reserve

## 二、维管束植物的年际变化

群落的物种数是最直观、最有效地反映群落多样性的指标，它是指样地中群落所出现的物种数量，是与物种多样性指数和均匀度呈紧密正相关的一个指标。对保护区内的物种数进行了连续的跟踪调查，3 年中保护区内的维管束植物变化如表 2-1 所示，共计 358 种。保护区内各年份单属科和单种科的比例均较高，单属科占当年总科数比分别为 48.37%（2011 年），56.89%（2011 年）和 54.55%（2011 年）。单种科占当年总科数比分别为 41.86%（2011 年）、51.72%（2011 年）和 45.45%（2011 年）。各个年份中单种科和单属科均占有很高的比例，保护区内的种属比在 3 年中连续下降，由 1.47 下降到 1.33（表 2-1）。保护区内 3 年总的维管束植物种属比为 1.7，辽宁省内维管束植物的种属比为 3.04，保护区内的多样性相对较低，而且多样性呈下降趋势，随着植被的恢复，多年生草本植物单优群落增多，群落的稳定性增加，多样性下降。较低的种属比也说明保护区的植物区系还处在年轻的演化阶段，这与辽河保护区处在围封的初期现状相符。

表 2-1　辽河保护区 2011—2013 年物种科属数目

Table 2-1　Number of species and genera and family from 2011 to 2013　个

| 年份 | 物种 | 科数 | 属数 | 单属科 | 单种科 | 种属比 |
|---|---|---|---|---|---|---|
| 2011 年 | 187 | 43 | 127 | 21 | 18 | 1.47 |
| 2012 年 | 225 | 58 | 159 | 33 | 30 | 1.42 |
| 2013 年 | 200 | 55 | 150 | 30 | 25 | 1.33 |

在围封的 3 年中，保护区中主要科的物种数呈现年际变化（图 2-2）。菊科植物不但具有种类上的优势，而且具有群落组成中的优势。2011 年保护区内有一定以黄花蒿和茵陈蒿为主构成的一二年生草本植物群落，2012 年菊科一二年生群落优势增加，这时主要是以三裂叶豚草、茵陈蒿和加拿大蓬为主的一二年生草本植物群落，2013 年菊科的一二年生草本植物群落减少。以野艾蒿、水蒿

和大蓟为代表的菊科多年生草本植物群落，从 2011 年到 2013 年一直增加，2013 年时已是保护区内分布最广泛的植物群落。豆科植物野大豆是保护区内分布最广泛的层间植物。经过 2011 年的自然恢复，2012 年豆科华黄耆的种群数量迅速增加，开始在保护区的中上游形成大量的优势群落，这种优势在 2013 年仍在持续。不过华黄耆的生长优势是在前 7 月，进入 8 月后其种子成熟，开始枯萎。2012 年蔷薇科由于人工引种，使其在保护区内的物种数增多，但由于适应性较差，很多植物在 2013 年减少。

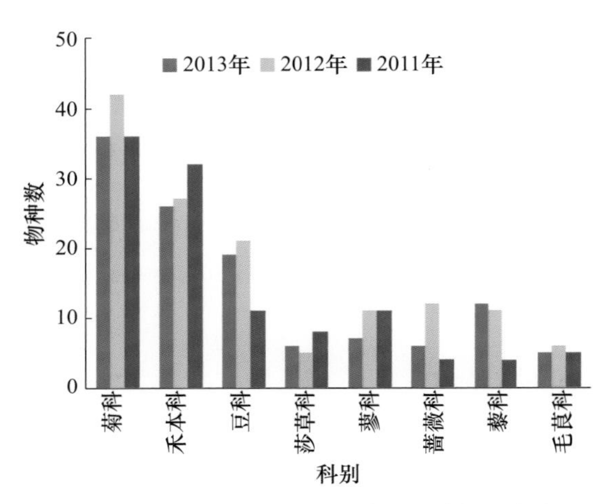


图 2-2　辽河保护区主要科种植物的年际变化

Fig 2-2　Variety of the main families in Liaohe River Reserve in different years

禾本科每年调查到的物种数都在减少，这主要是由于随着植被的自然恢复，保护区内的禾本科杂草逐渐减少。不过虽然每年调查到的物种数减少，但禾本科在保护区内出现的优势群落增多，小叶章、拂子茅和芦苇等的群落都在增多。蓼科的物种数在 2011 年和 2012 年没有变化，在 2013 年开始减少，在植被自然恢复过程中，蓼科不但在数目上减少，而且在保护区植物群落中的优势逐渐下降，到 2013 年时，调查区内未见其单优或混合群落，仅有小斑块生长。3 年中莎草科和毛茛科的物种数变化不大，主要还是在沿河或水分较多的区域分布。藜科的物种数一直在增加，但其优势却明显减小，藜是 2011 年保护区围封初期的优势物种，除盘锦境内的 3 个调查区，其他的 15 个调查区中，分布着大量藜的单优或优势群落。2012 年开始，藜优势迅速下降，2013 年，除在调查区的外围还可见零星分布，在大部分调查区植物群落内部，已是数量较少的物种。

## 三、草本植物生长型的年际变化

草本植物是保护区内的主要类群，3 年中分别调查到 176 种（2011 年）、186 种（2012 年）和 178 种（2013 年），共计 317 种，其中一年生草本 111 种、寄生草本 3 种、二年生草本 46 种、多年生草本 157 种。保护区总的多年生草本物种数与一二年生草本物种数相当。随着保护区植被的恢复，一二年生草本植物群落减少，多年生草本植物群落增加，由最初的一二年生杂草群落、藜群落、蒿属群落，转变成以野艾蒿群落、大蓟群落和小叶章群落为主的多年生草本植物群落。草本群落结构变化，同时草本植物类群也在变化（图 2-3）。调查中寄生植物的种类数未变化，都是 3 种。但其他的草本植物类群却有着不同的变化，从调查数据上可以发现，每年调查到的多年生草本少于一二年生草本。在围封的第二年（2012 年）一年生草本数量减少，第 3 年数量又略增加，但少于第一年的 97 种。这 3 年中一年生草本整体是减少的。二年生草本的数量在 3 年中都是在增加，由 3 种增加到 34 种。多年生草本在第二年增加之后，第三年减少，而且种类数少于第一年。

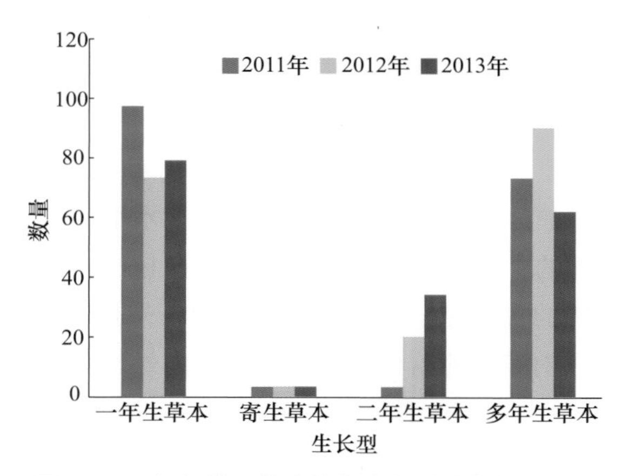


图 2-3　辽河保护区草本植物生长型种类年际变化

Fig 2-3　Variety of growth form of herb in Liaohe River Reserve

辽河保护区 18 个调查区调查到的年际变化结果显示 2011—2013 年保护区内的单种科、单属科和单属种均占有很大比例。较多的单种科、单种属和单属科，表明保护区内围封之前由于人类活动的干扰，使大多数科分布到本区的物种减少。

保护区内维管束植物总的种属比为 1.7，各年际间的种属比由 2011 年的 1.47 下降到 2013 年的 1.33，辽宁省维管束植物总的种属比为 3.04。这表明辽河保护区内的维管束植物分化程度弱，保护区内的多样性相对较低，而且多样性呈下降趋势。不过较低的种属比也说明保护区的植物区系还处在初期的演化阶段，这与辽河保护区进行围封恢复的初期现状相符。

辽河保护区内的植被以草本群落为主，季节变化明显。菊科、禾本科、豆科、莎草科、蓼科、和藜科是保护区内在物种数和群落组成均具有优势的植物科别。虽然蔷薇科和毛茛科的物种也较多，但不是保护区内的优势物种。随着围封的进行，菊科、禾本科和豆科物种数减少，但以这 3 科为主的多年生草本植物群落增多，逐渐成为保护区内的优势群落。

近 3 年调查到的总的维管束植物中，多年生草本物种数与一二年生草本的物种数是相当的，但每年调查到的物种数中，一二年生草本种类多于多年生草本。这表明保护内一二年草本的分布范围更广泛。二年生草本种类在增加，一年生草本和多年生草本种类相对在减少。保护区围封之初的二年生草本植物种类相对较少，同时二年生草本利用其在前一年的生长优势，在第二年快速生长，使其在群落中获得了一定的生存空间，种类增多。随着植被的恢复，多年生草本植物单优和混合群落增多，二年生草本和多年生草本挤占了一年生草本的生存空间，使一年生草本的数目和种类减少，同时也使得一些竞争性较弱的多年生草本减少。

# 第 3 章　辽河保护区草本植物群落多样性变化

辽河保护区成立于 2010 年，在全河段内对河道两侧农田实行退耕，进行围封，通过自然演替恢复生物多样性。由于辽河保护区围封的时间短，围封初期木本植物种类和数目较少，草本植物是构成辽河保护区内植物群落的主体。草本植物群落是本区植物群落的主要组成部分，草本群落的多样性对维持整个生态系统的多样性及稳定性至关重要（王艳龙，2012；谷长磊，2013；刘坤等，2014；陈立云等，2014）。对草本群落植物多样性的国内外研究较多（Hooper D & Vitousek P，1997；江喜明等，2002；Hendrickx F. et al，2007；Billeter R，2008；李军保等，2013；黄泽东等，2014；陈立云与王弋博，2014），基于此，本研究对辽河保护区草本植物群落的 $\alpha$ 多样性进行调查研究，以了解保护区内草本植物群落多样性的变化趋势，为辽河保护区的生态恢复和保护提供理论基础。

$\alpha$ 多样性按草本植被计算样方内各物种重要值，求算出各样地平均重要值。计算公式：

草本植物重要值 =（相对多度 + 相对高度 + 相对盖度）/3

依据物种多样性测度指数应用的广泛程度以及对群落物种多样性状况的反映能力，本研究采用 Simpson 指数、Shannon-Winner 指数和 Pielou 均匀度指数计算 $\alpha$ 多样性（马克平与刘玉明，1994；马克平，1994；马克平等，1995；马克平与钱迎倩，1998）。其中，Simpson 指数表明群落的优势度集中在少数种上的程度指标，通常数值越大，优势种的比例就越低，群落的多样性就越高；Shannon-Wiener 指数的大小表示群落的差异度，其值越大则表明样地内物种的多样性就越高。Pielou 均匀度指数反映的是群落内个体数在不同物种之间分配的均匀程度，其值越大，则说明个体数在物种间的分配越均匀（白永新等，2000）。

草本植物是构成辽河保护区内生态系统的主体，其多样性及格局决定了辽河保护区内生态系统的结构特征。草本群落类型的不同，其物种丰富度也有着不同的变化。辽河保护区在 2010 年成立，在全河段内对河道两侧农田实行撂荒退耕政策，通过自然演替进行恢复。通过由 2011 年到 2013 年的调查发现，2011 年植物群落优势种主要为苋、藜科等农田杂草，由于多年的耕作，土壤中积累了大量农田杂草种子，如蒿类、苘麻、苋、藜科植物；2012 年部分区域仍以蒿类植物为主，苘麻优势有所降低，但苋、藜科植物已不占绝对优势，华黄耆、蛇床、小叶章等多年生草本植物在部分地区占有绝对优势。一些灌木已适应保护区环境，个别地区在河漫滩形成小规模单优群落，但由于处于辽河河道内，不同汛期水位对其植物群落影响有待进一步研究。2013 年多年生草本植物群落明显增多，以野艾蒿、大蓟和小叶章为主，在部分地区出现了大量的水蒿群落。

保护区内的草本植物群落由 2011 年以藜、地肤、苘麻和茵陈蒿等为主的一二年生杂草植物群落向 2013 年以大蓟、野艾蒿、水蒿、小叶章和华黄耆等为主的多年生草本植物群落变化。随着围封的进行，保护区内一二年生草本植物群落减少，多年生草本的单一群落和混合群落增加，辽河保护区草本植物群落的稳定性进一步增加。通过对各调查区样地进行调查，分析辽河保护区内植物多样性的变化特征。

## 一、2011 年草本植物群落 α 多样性分析

2011 年保护区内草本植物群落 α 多样性各指数（图 3-1）中的香农威纳指数的波动较为明显，在 1.02～2.37 之间。石佛寺是辽河由山区和丘陵区进入平原区的分界，石佛寺以上作为辽河保护区的上游，石佛寺以下作为辽河的中下游（以下同）。由通江口到毓宝台河段调查区的香农威纳指数较为相近，介于 1.78～2.03 之间。保护区两端河段的多样性波动较大，上游河段的最高值出现在三河下拉为 2.37，最低值出现在福德店为 1.59。从满都护到酒壶咀的中下游河段波动明显，介于 1.02～2.35 之间。最高值出现在红庙子为 2.35，最低值出现在酒壶咀为 1.02。辛普森指数和 Pielou 均匀度指数波动较为平稳，变化不大。辛普森指数除酒壶咀地区为最低的 0.53 外，其他的介于 0.72～0.89 之间，Pielou 均匀度指数除酒壶咀为 0.55，其他的都在 0.81～0.95 之间，最高值处于凡河河口。保护区内的辛普森指数和 Pielou 均匀度指数值较高，表明 2011 年保护区内优势种的比例低，个体数在物种间的分配均匀程度高，保护区内的植物多样性高。α 多样性各指数的最低值均出现在酒壶咀调查区。3 个指数的变化具有相似的趋势，但不具有同步性。

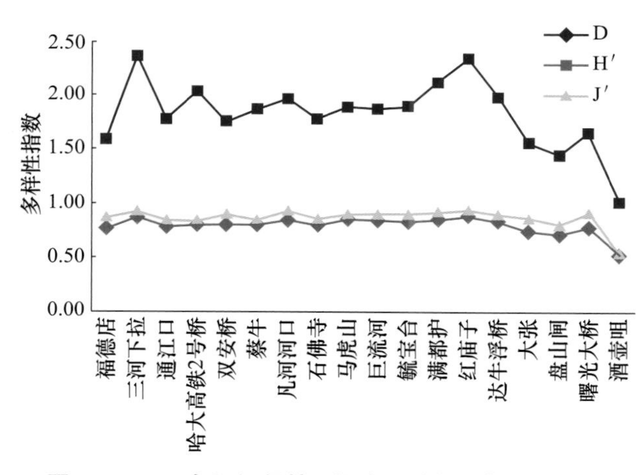


图 3-1 2011 年辽河保护区调查区植物群落 α 多样性

Fig 3-1 The alpha diversity of plant community of each Monitoring area of 2011 in Liaohe River reserve

## 二、2012 年草本植物群落 α 多样性分析

2012 年保护区内植物群落 α 多样性各指数（图 3-2）中香农威纳指数波动明显，从上游到下游呈现降低的趋势，上游的最高值出现在哈大高铁 2 号桥为 2.55，最低值出现在蔡牛为 1.49；下游最高值出现在巨流河为 2.04，最低值在酒壶咀为 1.31，这也是保护区内的最低值。从福德店到酒壶咀调查区，酒壶咀的辛普森指数最低，为 0.55，其他调查区的辛普森指数处在 0.68～0.90 之间，最高的为哈大高铁 2 号桥调查区。Pielou 均匀度指数处于 0.28～0.50 之间。辛普森指数和 Pielou 均匀度指数均呈现下降趋势。2012 年辽河保护区 α 多样性的 3 个指数值从上游到下游呈现降低的趋势。

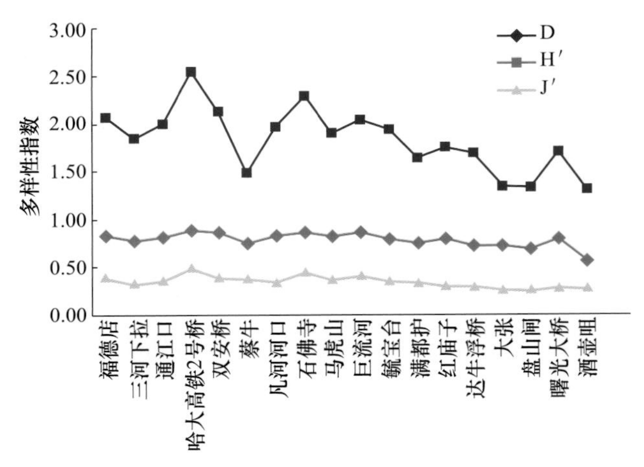


图 3-2　2012 年辽河保护区调查区植物 $\alpha$ 多样性

Fig 3-2　The alpha diversity of plant community of each Monitoring area of 2012 in Liaohe River reserve

## 三、2013 年草本植物群落 $\alpha$ 多样性分析

2013 年保护区内植物群落 $\alpha$ 多样性（图 3-3）由上游到下游没有明显的变化趋势。其中香农威纳指数在地区间的波动明显，在 1.53～2.56 之间，最低值出现在酒壶咀，最高值出现在凡河河口。由图 3-3 可见，香农威纳指数的变化呈现出 4 个地区性的高点，分别是三河下拉（2.34）、凡河河口（2.56）、巨流河（2.51）和大张（2.33）；4 个低点为通江口（1.89）、石佛寺（1.84）、红庙子（1.71）和酒壶咀（1.53）。辛普森指数介于 0.71～0.91 之间，最高值出现在凡河河口，最低值出现在酒壶咀。Pielou 均匀度指数介于 0.28～0.47 之间，最高点出现在大张，最低点出现在酒壶咀。$\alpha$ 多样性各指数有着相似的变化趋势。

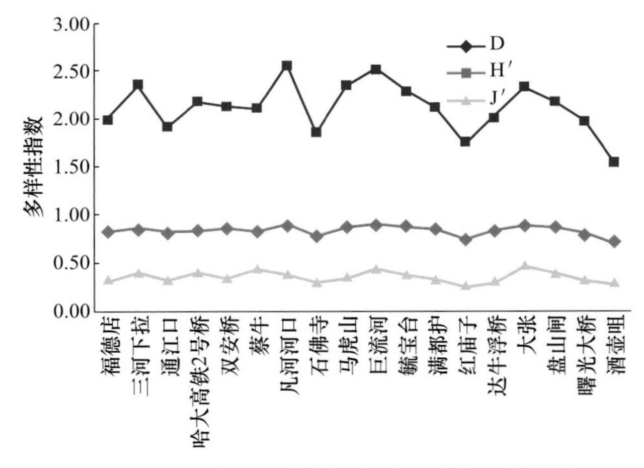


图 3-3　2013 年辽河保护区调查区植物 $\alpha$ 多样性

Fig 3-3　The alpha diversity of plant community of each Monitoring area of 2013 in Liaohe River reserve

2011 年除酒壶咀调查区外，辛普森指数和 Pielou 均匀度指数都较高，表明保护区内物种分配的均匀程度高，保护区内优势种占有的比例低，物种多样性水平高。保护区内香农威纳指数在上下

游的变化比较明显，中游区段较为平缓，表明保护区上下游群落多样性差异大，从大张到酒壶咀是保护区内生物多样性相对较低区段。2012 年植物群落 $\alpha$ 多样性各指数从福德店到酒壶咀均呈下降趋势，保护区由上游到下游植物优势种所占比例增大，物种均匀度下降，群落内的差异度减少，多样性下降。而且 Pielou 均匀度指数与 2011 年相比变化较大，明显下降，保护区内植物物种分配的均匀程度下降明显。2013 年植物群落 $\alpha$ 多样性在沿河方向没有明显的变化趋势，呈现区域性的上下波动，这表明辽河保护区随着植被恢复各区域的植被类型复杂性增加，地区性差异增大。

通过 3 年的连续调查发现，18 个调查区中，酒壶咀调查区的辛普森指数、香农威纳指数和 Pielou 均匀度指数是保护区内最低的，其处在保护区生物多样的低点。这与其所处的位置和周边环境相关，其处在辽河河口区附近，调查区内的植被主要是芦苇群落，有一定量的杂草，多分布在道路两侧。周围没有耕地，人口密度小，受人为干扰少，植被类型单一，生物多样性较低。

随着围封的进行，保护区内的物种均匀度变化最大，这表明随着植被的恢复，初期保护区内植物分布的均匀程度快速下降，但在 2012 年和 2013 年其又稳定在一定的范围内，变化较小，物种分布的均匀度保持在相对稳定的状态。3 年中辛普森指数的变化不大，而且处于较高水平，在围封的初期，保护区草本植物群落内优势种的比例低，保护区内的多样性较高。随着围封的进行，香农威纳指数地区间的波动增大，地区间的差异增大，各调查区植被的差异程度增大，植被朝着具有地区特点的方向演替。

# 第 4 章　辽河保护区外来入侵植物研究

外来入侵植物是指在自然保护区内有分布，并在当地生态系统中具有自我再生能力、对本土生物多样性和景观造成一定损害或影响的外来植物（彭少麟等，1999；徐海根等，2004）。外来入侵植物，在一定程度上可以丰富本地生态系统的组成；有些作为观赏植物引进的品种，可以美化生态环境；还有些作为经济植物引进的品种，在一定程度上可以产生经济效益。但是很多入侵植物对生态安全、经济安全，甚至人群生命健康构成了严重威胁。一些繁殖力很强甚至有毒的外来植物，是难以根除的有害物种，对农作物和生态系统造成很大危害（李振宁，2002；李媛媛等，2009）。

近年来，国内外很多学者对不同省区的保护区内外来入侵植物开展了调查研究，取得了较多的研究成果（秦卫华，2007；曹飞等，2007；秦卫华，2008）。本研究通过对辽河保护区的三年连续的野外实地定点调查，了解保护区内外来入侵植物的分布现状和影响程度，对其入侵途径、分布格局和分布特点进行分析，提出相关的防治对策与建议。以期为辽河保护区的发展建设及其生态系统的恢复和重建提供基础性资料。

## 一、外来入侵植物种类组成

调查结果显示，辽河保护区内现有外来入侵植物 32 种（表 4-1），隶属于 13 科 27 属（表 4-2），占保护区内维管束植物总种数的 8.94%。与辽宁省的外来入侵植物相比（曲波等，2009），辽河保护区内的外来入侵植物占全省外来入侵植物总种数的 35.95%。其中双子叶植物 11 科 21 属 26 种，占入侵植物总科数的 84.62%，总属数的 77.78%，总种数的 81.25%。单子叶植物 2 科 6 属 6 种，占入侵植物总科数的 15.38%，总属数的 22.22%，总种数的 18.75%。保护区内外来物种在各科中的分布见图 4-1，种类最多的为菊科（9 种），占总种数的 28.13%。其次为禾本科（5 种）和苋科（4 种），这 3 个科占总科数的 23.08%，占保护区内入侵植物总种数的 56.25%。尤其是菊科入侵植物，由于对环境的适应性广，种子量大，易传播，具有很强的入侵性，是外来入侵种的主体。植物种数只有 1 种的有 7 个科，占总科数的 53.84%，占入侵植物总种数的 21.84%。外来植物最多的属为苋属（*Amaranthus*），有 4 种，其次为牵牛属（*Pharbitis*）和豚草属（*Ambrosia*），各 2 种，占总属数的 11.11%，占总种数的 25%。单种属有 24 属，占总属数的 88.89%，占总种数的 75%。

表 4-1　辽河保护区外来入侵植物

**Table 4-1　Alien invasive plants of Liaohe River Reserv**

| 物种 | 科 | 属 | 原产地 | 引入方式 | 分布 | 是否构成危害 |
|---|---|---|---|---|---|---|
| 斑地锦<br>*Euphorbia maculata* | 大戟科 | 地锦属 | 北美洲 | 有意：药用 | 零星 | 否 |

续表 4-1

| 物种 | 科 | 属 | 原产地 | 引入方式 | 分布 | 是否构成危害 |
|---|---|---|---|---|---|---|
| 大麻 *Cannabis sativa* | 大麻科 | 大麻属 | 亚洲中部 | 有意：利用纤维引种 | 广泛 | 否 |
| 白花草木犀 *Melilotus albus* | 豆科 | 草木犀属 | 欧洲及西亚 | 有意：牧草改良环境引种 | 斑块 | 是 |
| 白三叶 *Trifolium repens* | 豆科 | 车轴草属 | 欧洲 | 有意：牧草引种 | 斑块 | 否 |
| 芒颖大麦草 *Hordeum jubatum* | 禾本科 | 大麦属 | 北美洲 | 有意：观赏 | 零星 | 否 |
| * 少花蒺藜草 *Cenchrus pauciflorus* | 禾本科 | 蒺藜草属 | 北美洲 | 无意 | 零星 | 否 |
| 无芒雀麦 *Bromus inermis* | 禾本科 | 雀麦属 | 欧洲 | 有意：牧草引种 | 斑块 | 是 |
| 牛筋草 *Eleusine indica* | 禾本科 | 穇属 | 北美洲 | 无意 | 零星 | 否 |
| 野燕麦 *Avena fatua* | 禾本科 | 燕麦属 | 南欧地中海区 | 有意：牧草引种 | 斑块 | 否 |
| 野西瓜苗 *Hibiscus trionum* | 锦葵科 | 木槿属 | 非洲 | 无意 | 零星 | 否 |
| 苘麻 *Abutilon theophrasti* | 锦葵科 | 苘麻属 | 印度 | 有意：麻类作物引种 | 广泛 | 是 |
| * 意大利苍耳 *Xanthium italicum* | 菊科 | 苍耳属 | 北美洲 | 无意 | 零星 | 否 |
| 加拿大蓬 *Erigeron cannadensis* | 菊科 | 飞蓬属 | 北美洲 | 无意 | 广泛 | 是 |
| 大狼把草 *Bidens frondosa* | 菊科 | 鬼针草属 | 北美洲 | 无意 | 零星 | 否 |
| 牛膝菊 *Galinsoga parviflora* | 菊科 | 牛膝菊属 | 南美洲 | 无意 | 零星 | 否 |
| 欧洲千里光 *Senecio vulgaris* | 菊科 | 千里光属 | 欧洲 | 无意 | 零星 | 否 |
| * 普通豚草 *Ambrosia artemisiifolia* | 菊科 | 豚草属 | 北美洲 | 无意 | 广泛 | 是 |
| * 三裂叶豚草 *Ambrosia trifida* | 菊科 | 豚草属 | 北美洲 | 无意 | 广泛 | 是 |
| * 刺莴苣 *Lactuca serriola* | 菊科 | 莴苣属 | 欧洲 | 无意 | 零星 | 否 |
| 菊芋 *Helianthus tuberosus* | 菊科 | 向日葵属 | 北美洲 | 有意：食用 | 斑块 | 否 |
| * 向日葵列当 *Orobanche cumana* | 列当科 | 列当属 | 中亚和俄罗斯东部 | 无意 | 广泛 | 是 |
| 月见草 *Oenothera biennis* | 柳叶菜科 | 月见草属 | 北美洲 | 有意：观赏 | 广泛 | 否 |

续表 4-1

| 物种 | 科 | 属 | 原产地 | 引入方式 | 分布 | 是否构成危害 |
|---|---|---|---|---|---|---|
| 五叶地锦 *Parthenocissus quinquefolia* | 葡萄科 | 爬山虎属 | 北美洲 | 有意：绿化引种 | 斑块 | 否 |
| 火炬树 *Rhus typhina* | 漆树科 | 盐肤木属 | 北美洲 | 有意：绿化引种 | 斑块 | 是 |
| 凹头苋 *Amaranthus blitum* | 苋科 | 苋属 | 南美洲 | 无意 | 零星 | 否 |
| 刺苋 *Amaranthus spinosus* | 苋科 | 苋属 | 美洲热带 | 无意 | 零星 | 否 |
| 反枝苋 *Amaranthus retroflexus* | 苋科 | 苋属 | 美洲热带 | 有意：牧草引种 | 广泛 | 是 |
| 苋 *Amaranthus tricolor* | 苋科 | 苋属 | 印度 | 有意：蔬菜 | 广泛 | 是 |
| 牵牛 *Pharbitis nil* | 旋花科 | 牵牛属 | 美洲热带 | 有意：观赏 | 斑块 | 否 |
| 圆叶牵牛 *Pharbitis purpurea* | 旋花科 | 牵牛属 | 美洲热带 | 有意：观赏 | 斑块 | 否 |
| * 日本菟丝子 *Cuscuta japonica* | 旋花科 | 菟丝子属 | 日本 | 无意 | 斑块 | 否 |
| 凤眼莲 *Eichhornia crassipes* | 雨久花科 | 凤眼莲属 | 美洲热带 | 有意：饲料 | 零星 | 否 |

* 为我国的检疫杂草

**表 4-2 辽河保护区外来入侵植物种类组成**

**Table 4-2 Species composition of alien invasive plants in Liaohe River Reserve**

| 植物类群 | 科 | | 属 | | 种 | |
|---|---|---|---|---|---|---|
| | 数量 / 个 | 比例 /% | 数量 / 个 | 比例 /% | 数量 / 个 | 比例 /% |
| 双子叶植物 | 11 | 84.62 | 21 | 77.78 | 26 | 81.25 |
| 单子叶植物 | 2 | 15.38 | 6 | 22.22 | 6 | 18.75 |
| 总数 | 13 | 1 | 27 | 1 | 32 | 1 |

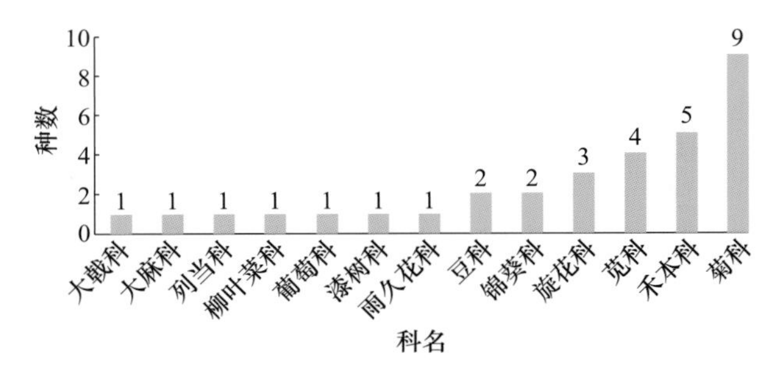


图 4-1 辽河保护区外来入侵植物科内种类组成

**Fig 4-1 Species composition of alien invasive plants among family in Liaohe River Reserve**

## 二、外来入侵植物生活型

保护区内的外来入侵植物主要是草本植物，32 种入侵植物中草本植物 30 种，占总数的 93.73%。其中我国的检疫杂草有 7 种，即刺萬苣、意大利苍耳、豚草、三裂叶豚草、向日葵列当、日本菟丝子和少花蒺藜草。由于草本植物入侵种的繁殖力强，分布广，有些种类在入侵地形成优势种，排挤当地物种，并且进一步蔓延扩散。在外来入侵的草本植物中，多年生草本 3 种，占 10%，分别为菊芋、白三叶和无芒雀麦；二年生草本 5 种，占 16.67%，分布为加拿大蓬、月见草、芒颖大麦草、白花草木犀和刺萬苣；一年生草本 22 种，占 73.33%，是保护区内外来入侵植物种类的主要组成。木本植物 2 种分别为攀援藤本植物五叶地锦和小乔木火炬树。这 2 种都是以观赏绿化为目的引入的，五叶地锦仅在曙光大桥调查区发现，在 18 个调查区中的 5 个调查区发现火炬树，虽然大都在保护区的边缘，但也应当注重防范。

## 三、外来入侵植物原产地及其属的分布类型

在保护区内的 32 种外来植物中，原产于美洲的外来入侵物种有 20 种，占保护区内外来物种总数的 62.50%，其中原产北美洲的有 13 种，占保护区内外来物种数的 40.63%，占原产美洲总数的 65%。原产欧洲和亚洲的外来入侵物种各 5 种，各占保护区内外来入侵物种总数的 15.63%。原产于非洲的有 1 种，原产欧洲及西亚的 1 种。由此可见在外来植物中，原产美洲的最多，这表明原产美洲的植物入侵保护区的可能性最大，尤其是原产于北美洲的植物。

属是最稳定的分类单元，同一分布类型的属可能会有相似的适应性。在入侵植物所含的 27 个属中，有 8 个地理分布类型（吴征镒，1991），由表 4-3 可知本区入侵植物中北温带分布的属最多，其次为泛热带分布和世界分布的属。热带成分的 3 个类型中除泛热带分布较多，热带亚洲和热带美洲分布及旧世界热带分布都只有 1 种，不过泛热带分布的属中除苘麻属（*Abutilon*）的苘麻分布较为广泛外，其他的都为零星或小版块分布，对保护区内的其他物种威胁相对较弱。尤其是凤眼莲在保护区内无法越冬生长。北方温带成分包含的属最多，有 13 属，占入侵物种总数的 48.15%。北温带分布的属最多，有 8 种，占入侵植物总属数的 29.63%。北方温带成分比较容易适应本区的生态条件，与原有物种共同构建群落，比较常见，同时部分属的物种表现出很强的入侵性。如盐肤木属（*Rhus*）的火炬树、飞蓬属（*Erigeron*）的加拿大蓬等表现出很强的入侵性。世界分布的属占保护区入侵植物总属数的 18.52%，其所含属的扩散能力强，适应性广，表现出极强的入侵性。豚草属的豚草和三裂叶豚草更是其中的代表。

表 4-3　外来植物属的分布类型

Table 4-3　Distribution patterns of genera of alien invasive plants

| 分布类型 | 属数 / 个 | 百分比 /% | 属 |
|---|---|---|---|
| 世界分布 | 5 | 18.52% | 苍耳属（*Xanthium*），鬼针草属（*Bidens*），千里光属（*Senecio*），豚草属（*Ambrosia*），苋属（*Amaranthus*） |
| 泛热带分布 | 6 | 22.22% | 地锦属（*Euphorbia*），蒺藜草属（*Cenchrus*），木槿属（*Hibiscus*），苘麻属（*Abutilon*），牵牛属（*Pharbitis*），菟丝子属（*Cuscuta*） |

续表 4-3

| 分布类型 | 属数 / 个 | 百分比 /% | 属 |
|---|---|---|---|
| 热带亚洲和热带美洲间断分布 | 1 | 3.70% | 凤眼莲属（*Eichhornia*） |
| 旧世界热带分布 | 1 | 3.70% | 牛膝菊属（*Galinsoga*） |
| 北温带分布 | 8 | 29.63% | 车轴草属（*Melilotus*），大麦属（*Hordeum*），雀麦属（*Bromus*），䅟属（*Eleusine*），燕麦属（*Avena*），列当属（*Orobanche*），月见草属（*Oenothera*），盐肤木属（*Rhus*） |
| 东亚和北美洲间断分布 | 2 | 7.41% | 向日葵属（*Oenothera*），爬山虎属（*Parthenocissus*） |
| 旧世界温带分布 | 3 | 11.11% | 草木犀属（*Melilotus*）、飞蓬属（*Erigeron*）、莴苣属（*Lactuca*） |
| 中亚分布 | 1 | 3.70% | 大麻属（*Cannabis*） |

# 四、外来入侵植物的分布特点

保护区内外来入侵植物在 10 种以上（含 10 种）的调查区有 11 个（表 4-4），占调查区总数的 61%，最多的是满都护和巨流河，各有 13 种外来入侵植物。外来入侵植物 7～9 种的有 7 个，占总数的 39%，最少的为凡河河口和酒壶咀均有 7 种外来入侵植物。平均每个调查区有 9.94 种外来入侵植物，盘锦境内的盘山闸、曙光大桥和酒壶咀 3 个调查区外来入侵植物都未超过 9 种，这可能与盘锦土壤含盐量普遍较高有关，不利于外来植物入侵。如三裂叶豚草和加拿大蓬在盘锦境外的其他调查区都有分布，三裂叶豚草在曙光大桥和酒壶咀未调查到，加拿大蓬在酒壶咀未调查到。

表 4-4 辽河保护区各调查区的外来入侵植物

**Table 4-4 Alien invasive plants in each Monitoring area of Liaohe River reserve**

| 调查区 | 种数 / 个 | 外来入侵植物 |
|---|---|---|
| 福德店 | 10 | 大麻、苘麻、三裂叶豚草、苋、向日葵列当、月见草、加拿大蓬、牛筋草、无芒雀麦、火炬树 |
| 三河下拉 | 12 | 加拿大蓬、三裂叶豚草、月见草、苋、白花草木犀、斑叶地锦、大麻、反枝苋、苘麻、野西瓜苗、野燕麦、凤眼莲 |
| 通江口 | 8 | 加拿大蓬、普通豚草、三裂叶豚草、月见草、大狼把草、苋、苘麻、野西瓜苗 |
| 哈大高铁二号桥 | 10 | 大狼把草、加拿大蓬、三裂叶豚草、反枝苋、普通豚草、月见草、大麻、苘麻、苋、野西瓜苗、欧洲千里光 |
| 双安桥 | 10 | 反枝苋、加拿大蓬、普通豚草、三裂叶豚草、苘麻、月见草、白三叶、白花草木犀、牛膝菊、野西瓜苗 |
| 新调桥 | 11 | 反枝苋、凹头苋、加拿大蓬、普通豚草、苘麻、白三叶、苋、三裂叶豚草、向日葵列当、野西瓜苗、野燕麦 |
| 凡河河口 | 7 | 反枝苋、加拿大蓬、普通豚草、三裂叶豚草、苋、月见草、苘麻、日本菟丝子 |
| 石佛寺 | 10 | 三裂叶豚草、加拿大蓬、苘麻、普通豚草、反枝苋、白花草木犀、苋、斑地锦、牵牛、月见草 |
| 马虎山 | 8 | 反枝苋、加拿大蓬、月见草、三裂叶豚草、苋、向日葵列当、苘麻、无芒雀麦 |
| 巨流河 | 13 | 凹头苋、反枝苋、大狼把草、牛筋草、三裂叶豚草、向日葵列当、无芒雀麦、大麻、加拿大蓬、苘麻、月见草、野西瓜苗、火炬树 |
| 毓宝台 | 9 | 加拿大蓬、三裂叶豚草、苋、苘麻、凹头苋、反枝苋、少花蒺藜草、火炬树、月见草 |
| 满都护 | 13 | 刺苋、大麻、加拿大蓬、大狼把草、三裂叶豚草、月见草、白三叶、苋、野西瓜苗、意大利苍耳、反枝苋、牛筋草、苘麻 |

续表 4-4

| 调查区 | 种数 / 个 | 外来入侵植物 |
| --- | --- | --- |
| 红庙子 | 10 | 牛筋草、三裂叶豚草、大狼把草、加拿大蓬、苘麻、苋、向日葵列当、月见草、反枝苋、火炬树 |
| 达牛浮桥 | 11 | 加拿大蓬、反枝苋、三裂叶豚草、野西瓜苗、月见草、牛筋草、苘麻、大麻、大狼把草、少花蒺藜草、向日葵列当 |
| 大张 | 12 | 反枝苋、野西瓜苗、白花草木犀、加拿大蓬、苘麻、三裂叶豚草、月见草、苋、斑地锦、大狼把草、向日葵列当、火炬树 |
| 盘山闸 | 9 | 大麻、加拿大蓬、牛筋草、三裂叶豚草、菊芋、苘麻、野西瓜苗、圆叶牵牛、反枝苋 |
| 曙光大桥 | 9 | 反枝苋、加拿大蓬、大狼把草、月见草、牛筋草、五叶地锦、苘麻、苋、刺莴苣 |
| 酒壶咀 | 7 | 苘麻、意大利苍耳、反枝苋、苋、大狼把草、野西瓜苗、芒颖大麦草 |

菊科外来入侵植物种类最多，且分布最为广泛，各调查区均有发现。虽然各调查区都有外来入侵植物，但外来入侵植物在各调查区间的分布是不均匀的，将保护区内的外来植物按照分布区的多寡分成 5 个等级（表 4-5）。其中仅在 1 个调查区分布的 11 种，占外来入侵植物总数的 31.25%；在 2～5 个调查区分布的 9 种，占 28.13%；在 6～10 个调查区分布的 5 种，占 15.63%；在 10 个以上调查区分布区的 7 种，占 21.88%；在 11 个以上调查区分布的，分别是野西瓜苗（11 个），占调查区数的 61%；苋（14 个），占调查区数的 78%；月见草（15 个），占调查区数的 83%；三裂叶豚草（16 个），占调查区数的 89%；反枝苋（16 个），占调查区数的 89%；加拿大蓬（17 个），占调查区数的 94%；苘麻（18 个），占调查区数的 100%。虽然有些外来入侵植物分布广泛，但并未对原有物种构成威胁，如野西瓜苗。有些植物分布区域小，但其已对本地物种构成一定的威胁，如无芒雀麦。除酒壶咀调查区内的外来入侵植物未形成危害外，其他 17 个调查区内都受到外来入侵植物不同程度的威胁，占总数的 94.44%。

表 4-5　外来入侵植物分布状况

Table 4-5　Distribution of alien invasive plant

| 调查区数 / 个 | 物　种 |
| --- | --- |
| 1 | 芒颖大麦草、牛膝菊、刺莴苣、菊芋、五叶地锦、刺苋、牵牛、圆叶牵牛、日本菟丝子、凤眼莲、欧洲千里光 |
| 2～5 | 斑地锦、少花蒺藜草、无芒雀麦、野燕麦、意大利苍耳、白三叶、凹头苋、白花草木犀、火炬树 |
| 6～10 | 普通豚草、大麻、牛筋草、向日葵列当、大狼把草 |
| ≥11 | 野西瓜苗、月见草、苋、三裂叶豚草、反枝苋、苘麻、加拿大蓬 |

## 五、外来入侵植物的入侵途径和危害

分析辽河保护区外来入侵植物引入途径，发现 17 种为人为有意引入，占总种数的 53.13%，有意引入的主要目的是用于农林生产、药用、观赏、绿化和治理环境等。如作为经济作物引进的苘麻和大麻，用于观赏和绿化的火炬树和芒颖大麦草，作为蔬菜的苋等，作为药用植物引入的斑地锦，作为草坪草和牧草引进的白三叶、无芒雀麦等。

无意引入的有 15 种，占总种数的 46.87%。无意引入的方式是多样的。如少花蒺藜草和大狼把草通过人畜携带传播进入。加拿大蓬、欧洲千里光通过风自然扩散进入保护区。还有些是有几种交

叉因素引入，如三裂叶豚草、豚草可能主要通过交通工具和流水传播。意大利苍耳通过沙土运输、人畜携带和流水传播等方式传入。

值得注意的是，无意引入的外来入侵植物中菊科占了很大部分，有 8 种。菊科植物的种子量大，传播方式多样，有冠毛或刺等，易于传播，一旦传播开来将难以控制。此外保护区两岸的工农业和交通运输业都比较发达，人为引种和随人类活动携带传播的 32 种入侵植物中有 10 种已对本地种构成危害，占总数的 31.25%。有些入侵物种如三裂叶豚草、加拿大蓬等对其他植物有抑制和排斥作用，形成大面积的单优或混合优势群落，使本地物种的多样性下降。同时三裂叶豚草在花期可以产生大量的花粉，是人类花粉病的主要病原之一，易引起过敏体质者患枯草热病等。向日葵列当可以寄生在蒿属等植物的根部，严重影响植物的生长。

## 六、调查区中外来入侵植物分布的相对频率及其年际变化

通过连续调查调查区内外来入侵植物的年际变化，了解保护区围封后不同外来入侵植物分布规律和种群变化。由于调查区内的植被主要是草本群落，主要的威胁因素也来自外来入侵植物中的草本植物，故仅对外来入侵植物中的草本植物分布的相对频度进行统计。

3 年调查到的草本外来入侵植物分别为 20 种（2011 年）、23 种（2012 年）和 23 种（2013 年），3 年合计共有 32 种。其中 3 年中仅 1 年出现的有 6 种，分别是刺莴苣、菊芋、牛膝菊、欧洲千里光、牵牛和圆叶牵牛。3 年都调查到的有 16 种，分布最广泛的苘麻，在各调查区均调查到其分布，但其分布的相对频率由 2011 年的 0.18 下降到 2012 年的 0.13 和 2013 年的 0.06（图 4-2）。这可能与其热带性质起源的适应性有关，虽然初期依靠其种子库优势形成明显的优势群落，但随着本地和其他温带性质植物种子库的增加，其在群落中的优势地位下降，甚至被边缘化。在 2013 年调查时，

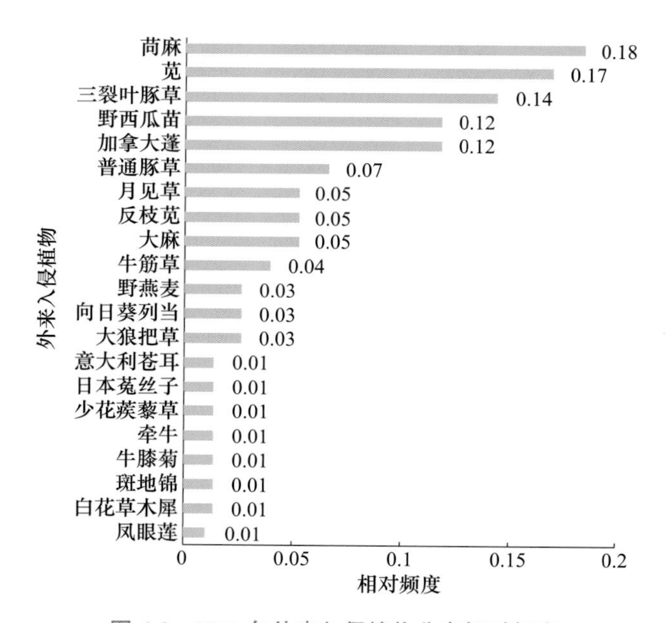


图 4-2　2011 年外来入侵植物分布相对频度

Fig 4-2　Relative frequency of distribution of alien invasive in 2011

有些调查区仅有零星分布。野西瓜苗分布的相对频率由 2011 年的 0.12 下降为 2012 年的 0.02（图 4-3）和 2013 年的 0.04（图 4-4）。苋分布的相对频率，由 2011 年的 0.17 下降到 2013 年的 0.05（图 4-4）。辽宁省干旱地区危害较重的少花蒺藜草和意大利苍耳，虽然 3 年均调查到其在保护区内生长，但未见其有扩散趋势。随着保护内植被的自然恢复，外来入侵植物分布总体呈减少趋势。

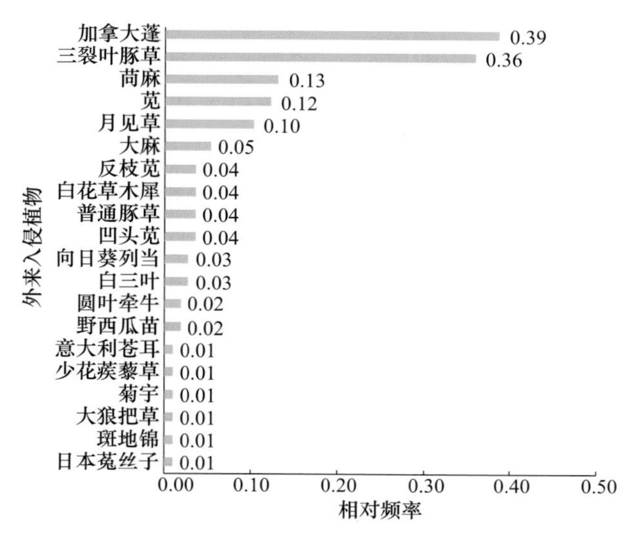


图 4-3　2012 年外来入侵植物分布相对频率

Fig 4-3　Relative frequency of distribution of alien invasive in 2012

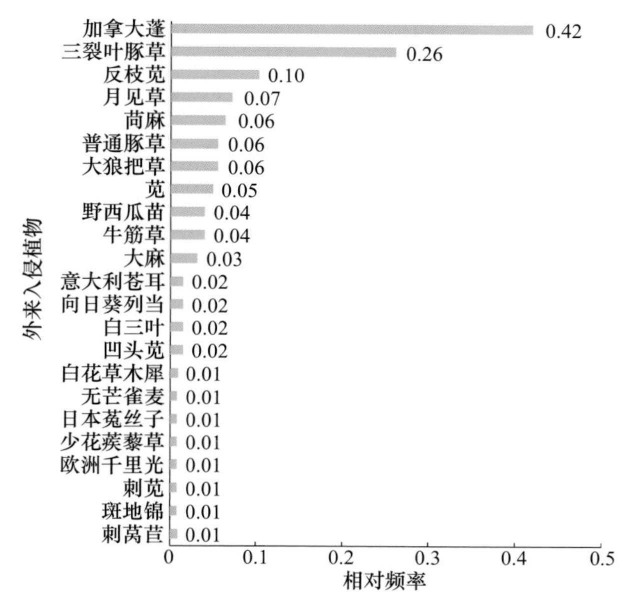


图 4-4　2013 年外来入侵植物分布相对频率

Fig 4-4　Relative frequency of distribution of alien invasive in 2013

# 七、调查区外来入侵植物种类分布的年际变化

虽然外来入侵植物在一定程度上丰富了本地的生物多样性，但其使保护区内自然生态系统受到了严重威胁，了解其在保护区内各调查区的发生发展规律，为辽河的生态防护和河流治理提供防治对策与建议。

根据保护区内的自然地理条件，将保护区划为 3 段。由于石佛寺是辽河干流从山区和丘陵区进入平原区的分界，石佛寺以上是山区和丘陵区，石佛寺以下是冲积平原风沙区。因此以石佛寺为分界，将石佛寺以上（包括石佛寺）到福德店为保护区的上游，石佛寺以下到大张为保护区的中游，同时由于盘锦境内土壤的特殊条件，土壤含盐量较高（朱清海等，1992），将盘锦境内的 3 个调查区划为下游地区进行分析比较。

经统计分析发现，外来入侵植物在保护区上下游的分布呈现出一定的规律性。2011 年和 2012 年保护区内的外来植物物种数目分布从上游的福德店到酒壶咀整体呈减少趋势，2012 年的趋势更为明显（图 4-5，图 4-6）。然而进入 2013 年，这种趋势发生了变化，由上游到中游地区是呈增加趋势，由中游到下游呈减少趋势（图 4-7）。3 年各调查点的外来入侵植物物种数平均值分布为 5.6 种（2011 年）、6.6 种（2012 年）和 5.6 种（2013 年）。2012 年增加之后 2013 年又减少，与 2011 年持平。

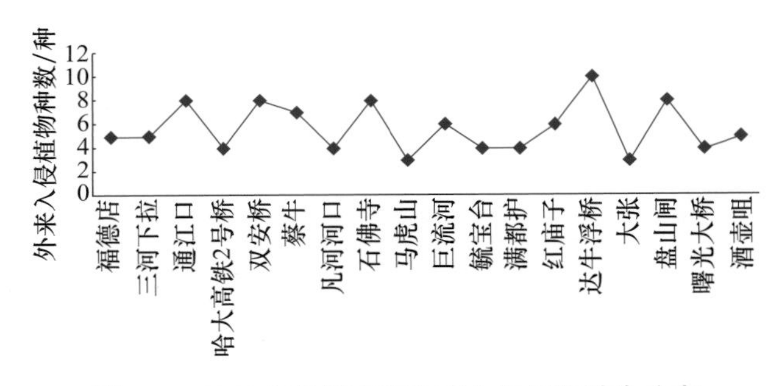


图 4-5　2011 年各调查区外来入侵植物种类分布

Fig 4-5　Distribution of species of each monitoring area in 2011

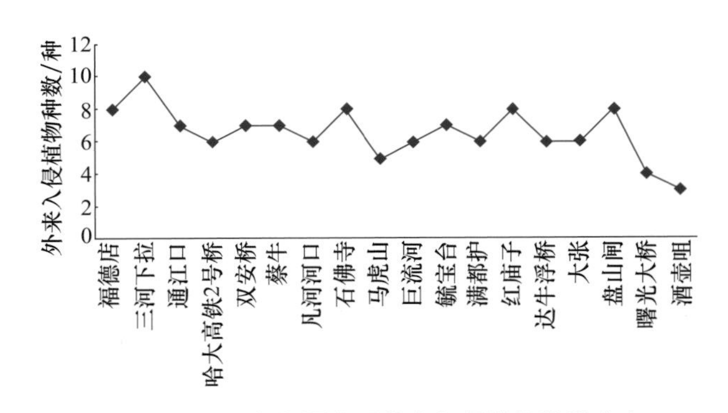


图 4-6　2012 年各调查区外来入侵植物种类分布

Fig 4-6　Distribution of species of each monitoring area in 2012

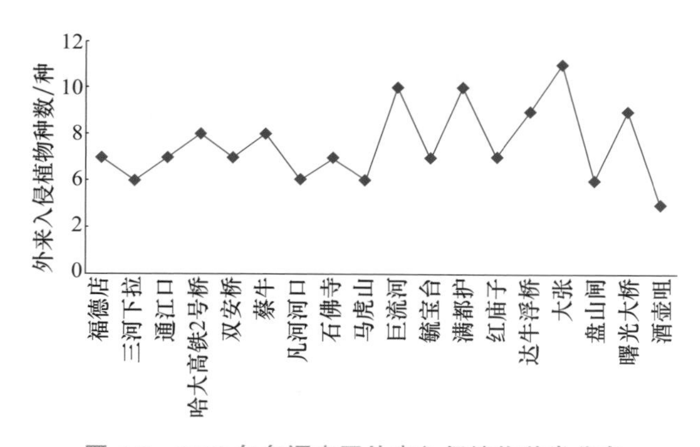


图 4-7　2013 年各调查区外来入侵植物种类分布

Fig 4-7　Distribution of species of each monitoring area in 2013

由图 4-8 可知，2011 年和 2012 年保护区上游调查区的平均外来入侵植物物种数要高于保护区的中、下游地区。中游调查区的外来入侵植物平均物种数 3 年中连续增加，但增加的趋势小于 2012 年，而且其平均 6.6 种低于上游调查区 2012 年最高的 7.4 种。2013 年中游调查区的平均物种数已高于保护区的上游和下游地区。造成这种差异的原因不仅是由于其外来入侵植物种数的增加，同时也因为 2013 年上游和下游调查区的平均外来入侵植物种数减少。上游地区由 2012 年最高的 7.4 种减少为 2013 年的 5 种，且少于 2011 年的 6.1 种，下游盘锦地区由 2011 年的 5.7 种减少到 4.7 种。

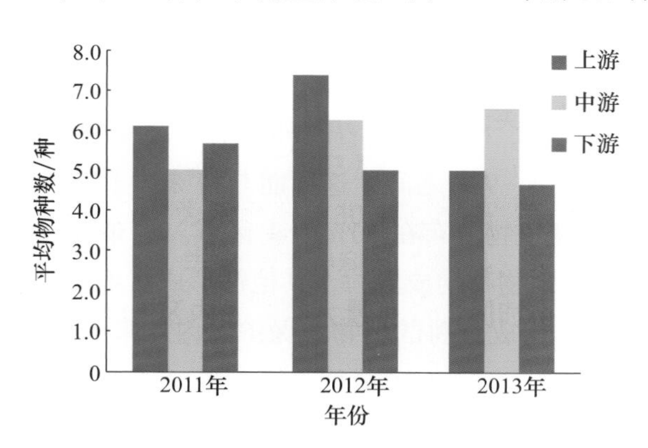


图 4-8　辽河保护区不同河段外来入侵植物的平均物种数

Fig 4-8　Average number of alien invasive plant of Liaohe River Reserve in defferent channel sagment

通过以上的资料分析，在围封初期，由于人为干扰的减少，外来入侵植物同样获得了进入保护区生长的机会，2012 年中上游各调查区内的平均外来入侵物种数增加。但随着保护区内植被的自然恢复，外来入侵植物的生存空间却在受到一定程度的挤压，中游地区外来入侵植物进入趋缓，上游地区经历了 2012 年的增加，2013 年开始减少，而且各调查区外来入侵物种的平均值 5 种低于 2011 年的 6.1 种，下游调查区的外来入侵物种的平均值由 2011 年的 5.7 种降到 2013 年的 4.7 种。

随着植被的自然恢复，部分外来入侵植物分布的相对频率下降。这可能由于围封后环境的变化，导致物质和能量流动方向的变化，不利于其与其他物种的竞争，导致其在植物群落中减少，甚至消失（Chen Jian, et al.，2011）。在对调查区中主要的调查物种三裂叶豚草和加拿大蓬调查时发现，在自然植被恢复好的区域，其主要分布在草本植物群落的边缘，如福德店和石佛寺等调查区，内部虽

然也有分布，但密度数量和生长状态明显弱于边缘区，而群落的边缘正是人类活动干扰较多的区域。人类活动的干扰在一定程度上有利于外来入侵植物的进入，由于盘锦境内的土壤含盐量较高，限制了一些外来入侵植物的进入。同时与中上游的调查区相比，盘锦调查区的周围农田少，周边及保护区内没有放牧现象。综合条件导致了盘锦境内调查区的外来入侵植物种数是整个保护区内最低的。随着植物群落的自然恢复，保护区内的外来入侵植物种类优势初期会有一定程度的上升，但随着植被恢复的进行，其整体的优势会下降。

辽河沿岸人口密集，工农业都较为发达，交通便利，人类活动多，导致辽河保护区内的外来入侵植物种类相对较多。围封初期，由于人为干扰的减少，外来入侵植物同样获得了进入保护区生长的机会。保护区内有外来入侵植物 32 种，隶属于 13 科 27 属，占全省外来入侵植物总种数的 35.95%。占保护区维管束植物总种数的 8.38%。双子叶植物有 26 种，单子叶植物仅 6 种，主要是禾本科植物。外来入侵的双子叶植物中以菊科植物居多，其次是苋科。入侵植物中木本仅有 2 种，其余均为草本植物，30 种草本植物中，有 7 种被列为我国的检疫杂草。外来入侵草本植物以一年生草本为主，有 22 种，是保护区内外来入侵植物的主要类群。

外来入侵植物中原产美洲的植物所占比例最大，达到 62.50%。说明美洲来源的植物成为辽河保护区外来入侵植物的可能性大，尤其是来自北美的植物。北美大陆由于地理隔离，积累了许多可能扩散分布的植物种类，一旦这些种类获得了在本区生存的机会就可能很快地适应本地条件，迅速蔓延扩散。外来入侵植物中世界分布和北方温带成分属分别占总属数的 18.52% 和 48.15%，这些属的植物对本区有着比较好的适应性，在本区分布广泛，是外来入侵植物的主要属种。

各调查区内的外来入侵物种在 3～7 种之间，虽然各调查区均有外来入侵植物，但外来入侵植物在各调查区间的分布是不均匀的，61% 的调查区外来植物数在 10 种以上（含 10 种），其中盘锦的 3 个调查区外来入侵植物都在 7～9 种之间，这可能与特殊的土壤环境有关，盘锦地区土壤的盐分含量较高。21.88% 的外来入侵植物分布在 60% 以上区域。分布区域广的植物在保护区内构成的威胁也较大，除野西瓜苗未对本地物种构成威胁，其他都形成了不同程度的危害。同时有一些分布区域相对较少，但也对本地物种构成威胁的植物。保护区内外来入侵植物有意引入的较多，为 17 种，无意引入的有 15 种，无意引入的植物中菊科占了 8 种，其中的加拿大蓬在本区分布广，分布的相对频度大，正处在扩张期，控制难度较大。菊科外来入侵物种中除菊芋为人为有意引入，其他均属于无意引入。

2012 年其在保护区内各调查点分布的平均值增大。但随着植被的自然恢复，与大多数入侵植物相比，本地物种似乎更具有在群落生长的优势，导致外来入侵植物在种类和数目上的减少，这表现在分布相对频率的下降。但有些具有很强入侵性的种类，在自然状态下，其在保护区内的分布还有待于继续调查。

辽河保护区外来入侵的植物，在一定程度上可以丰富保护区生态系统的组成；有些用于观赏植物引进的品种，可以美化生态环境；还有些作为经济作物引进的品种，可以产生一定的经济效益。但是很多入侵植物会对保护区内的生态安全和周边的经济安全，甚至人群生命健康构成严重威胁。此外外来入侵植物影响生态系统中地上部分消费者多样性，同时其对微生物和地上生态结构产生影响，进而对土壤动物产生影响，从而影响整个土壤环境的生态过程和生物多样性（Ehrenfeld JG，2003；Hook PB，2004；陈慧丽，2005）。当外来植物取代当地生态位相同的植物之后，由于其对土壤的物质输入不同，从而影响土壤中微生物的功能与结构（Kourtev PS，2002）。与本地生态位相同的植物相比，外来入侵植物有时具有更高的生物量或者外来入侵植物能够更好地利用被入侵生态系统的空余生态位，并迅速繁殖扩散（雄红，2004）。因此，为保护本地原有生态系统的完整性，我们必须加强对外来入侵植物的防控。

由于不同植物分布区域和危害程度不同，应加强对分布区域广的物种的调查，充分利用已有的条件进行防治。加强防范菊科外来入侵植物，菊科物种种子量大，传播方式多样化，极容易扩散，尤其是菊科的加拿大蓬和三裂叶豚草，发现时及时处理，控制其发生区域，避免大规模扩散难以控制。注重对火炬树的防控，火炬树是外来入侵植物中唯一的乔木，虽然其在调查区内并未形成明显的威胁，但其在保护区内和其边缘的一些地区形成了一定面积的单优群落，其分蘖能力强，种群密度大，种子量大，而且保护区内没有天敌，为避免可能出现的大规模入侵，现在必须对其小面积的大量繁殖进行控制，以防止可能出现更大的危害。原产于美洲、世界分布和北方温带成分属的植物对本区有着比较好的适应性，要密切调查，严格评估其在保护区及其周围的适应性和入侵性。同时加强有意和无意引入两种外来植物传播途径的控制，在人工引种时，必须考虑到植物扩散对生态环境的可能影响，实行外来植物引进风险评估制度，只有经过评估证明是安全的外来植物才能放行。加强对各种可能无意引入外来入侵物种途径的控制，如农牧产品引种、交通运输等可能携带外来入侵植物途径的检疫，将外来入侵植物引入的可能性降到最低。

针对外来入侵植物的特点，预防比治理更为重要。我们应该采取相应的控制措施，减少或避免外来入侵植物的传入。此外，我们还需进行长期调查，以了解外来入侵植物在辽河保护区内的发生发展规律，及其对辽河保护区生态环境的影响，结合实际情况，制定相应的防治和防除措施，处理外来入侵植物所带来的生态问题。

# 第 5 章　辽河干流地区常见植物图谱

## 一、松科

本区内常见植物有油松。

### ◎ 油松

学名：*Pinus tamulaeformis* Carr.

生境：生于山坡沙质地或湿润山坡或平地。

分布：主要分布于辽河干流部分绿化带。

用途：在园林中可用作庭荫树、行道树及林带树，亦能涵养水源，保持水土；树干可割取松脂，提取松节油，树皮可提取栲胶，松节、针叶及花粉可入药。

雌球果

叶与幼枝

雌雄球花与雌球果

雄球花与新枝

雄球花

# 二、柏科

## ◎ 侧柏

学名：*Platycladus orientalis* (L.) Franco　　别名：扁柏、香柏

生境：喜生于湿润肥沃山坡，平地亦生长良好。

分布：主要分布于辽河辽中段部分绿化区。

用途：幼树树冠尖塔形，老树广圆锥形，枝条斜展，排成若干平面，寿命极长，较少有病虫，多用于寺庙、墓地、纪念堂馆和园林绿篱；也可用于盆景制作；种子入药有凉血止血的功效。

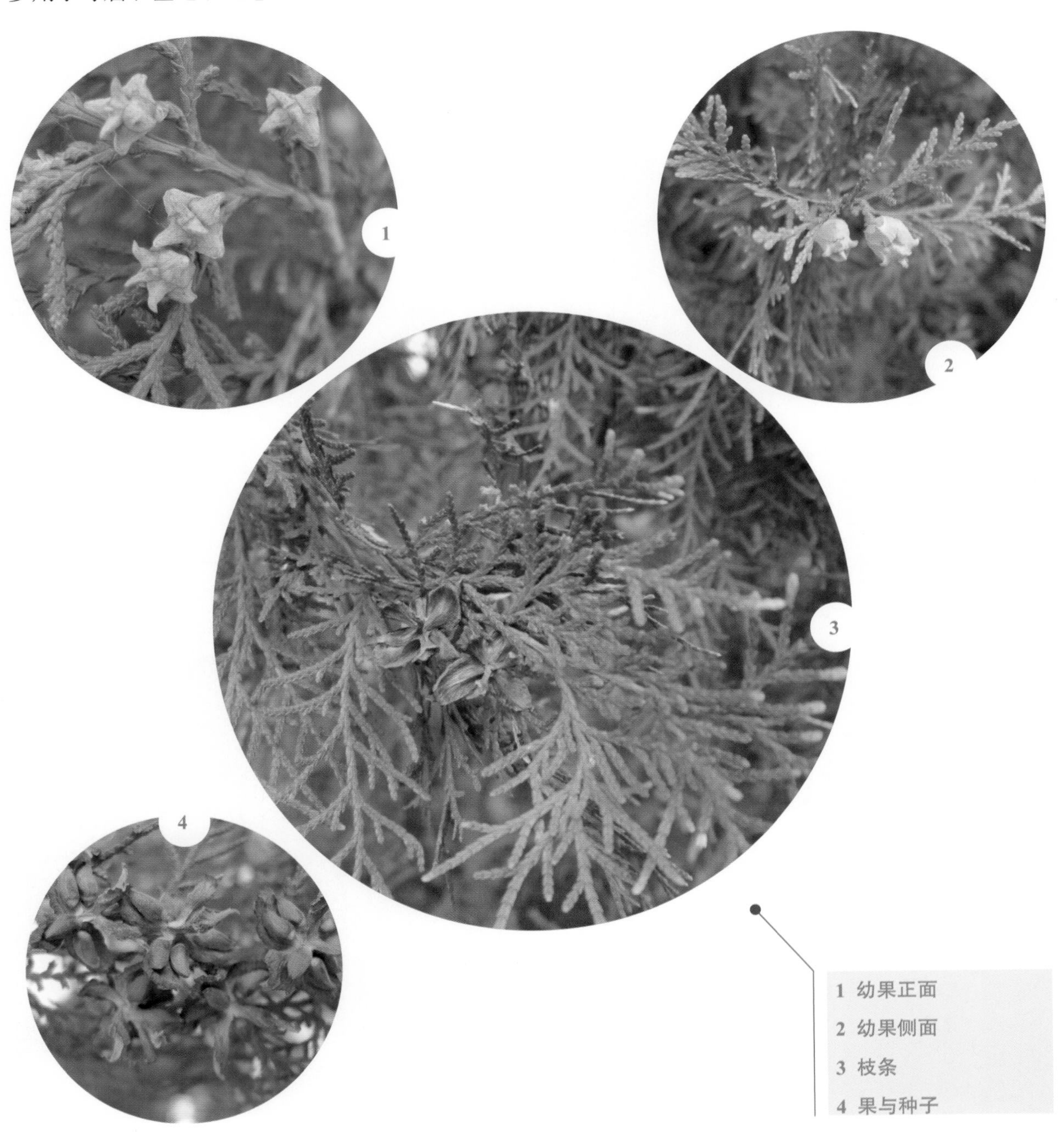


1 幼果正面

2 幼果侧面

3 枝条

4 果与种子

# 三、杨柳科

本地区常见植物有绦柳、旱柳、蒿柳、垂柳、杞柳、加拿大杨、钻天杨、小青杨、小叶杨等。

## ◎ 垂柳

学名：*Salix babylonica* L.　　别名：垂枝柳、倒挂柳、倒插杨柳

生境：生于河岸。

分布：广布于辽河干流沿岸。

用途：垂柳枝条细长，柔软下垂，在园林绿化中广泛用于河岸及湖池边绿化，亦可用作行道树、庭荫树、固岸护堤树及平原造林树种。此外，垂柳对有毒气体抗性较强，并能吸收二氧化硫，故也适用于工厂、矿区等污染严重的地方绿化。其木材白色，韧性大，可作小农具、小器具等；枝条可编制篮、筐、箱等器具。枝、叶、花、果及须根均可入药。

枝条及花序

雌花序

## ◎ 蒿柳

学名：*Salix viminalis* L.

生境：生于河边湿地。

分布：主要分布于辽河干流上游湿地。

用途：枝条可供编筐，叶可饲蚕，可作为护岸树种。

叶片和果实

# 四、胡桃科

本区内常见植物有胡桃楸。

## ◎ 胡桃楸

学名：*Juglans mandshurica* Maxim.　　别名：核桃楸、楸子、山核桃

生境：生于阔叶林或沟谷。

分布：辽河干流下游地区有栽培。

用途：核桃楸材质好，有光泽，刨面光滑，纹理美观，并具坚韧不裂，耐腐等优点。因此用途广，经济价值高，为军工、建筑、家具、车辆、木模、船舰、运动器械及乐器等用材。可作嫁接核桃的砧木和育种的材料。种仁含油率 40%～63%，营养丰富，可榨油；果壳可制活性炭。树皮含单宁，可制栲胶。

幼果　雌花序　植株　雄花序　芽与叶痕

# 五、壳斗科

本区内常见植物有蒙古栎。

## ◎ 辽东栎

**学名**：*Quercus wutaishansea* Mary.　　**别名**：柞树

**生境**：多生于山坡。

**分布**：辽河干流部分地区绿化带有栽植。

**用途**：为营造防风林、水源涵养林及防火林的优良树种；材质坚硬、密度大、纹理美观、具有抗腐耐水湿等特点。

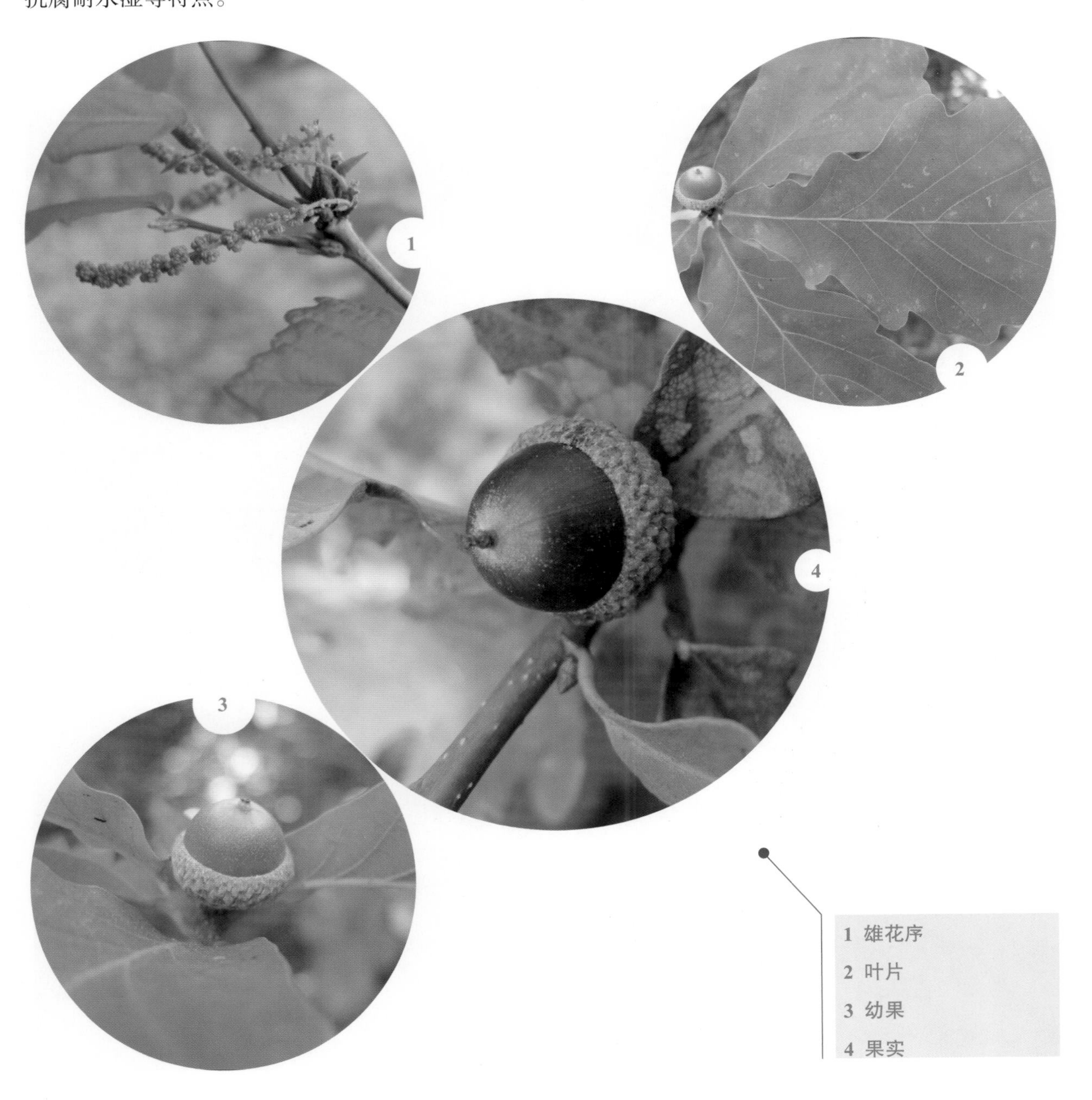

1 雄花序
2 叶片
3 幼果
4 果实

# 六、黄杨科

本区内常见植物有小叶黄杨。

## ◎ 小叶黄杨

学名：*Buxus microphylla* Sieb. et Zucc.　　别名：瓜子黄杨

分布：辽河干流下游地区有栽培。

用途：适宜在公园绿地、庭前入口两侧群植、列植，或作为花境之背景，或与山石搭配，尤适修剪造型，也是厂矿绿化的重要树种。

植株　雌花　雄花　果实

# 七、榆科

本区内常见植物有榆、小叶朴、大叶朴。

## ◎ 榆树

学名：*Ulmus pumila* L.　　别名：白榆、家榆

生境：生于山麓、丘陵、沙地及村舍四旁或栽培。

分布：广布于辽河干流地区。

用途：边材窄，淡黄褐色，心材暗灰褐色，纹理直，结构略粗，坚实耐用，供家具、车辆、农具、器具、桥梁、建筑等用。树皮可供医药和轻、化工业用；叶可作饲料；树皮、叶及翅果均可药用，能安神、利小便；树皮研磨亦可用作辅助食品（也就是榆皮饸饹）。

1 幼苗
2 枝条
3 植株
4 果实

# 八、桑科

本地区主要植物有大麻、葎草、桑、鸡桑、蒙桑。

## ◎ 大麻

学名：*Cannabis sativa* L.　　别名：线麻、麻、大麻草

生境：生于干旱地区沙质土或农田村落边。

分布：广布于辽河干流上游地区。

用途：作为工业纤维、植物油脂、宗教用途以及药用。它的种子，被称为火麻仁或大麻仁，中医使用它来治疗便秘、腹泻，可以被用来做成大麻籽油。

## ◎ 葎草

学名：*Humulus scandens* (Lour.) Merr.　　别名：拉拉秧、拉拉藤、五爪龙

生境：生于沟边、路旁荒地。

分布：广布于辽河干流地区。

用途：幼嫩时可作饲草，成株因有倒刺多数牲畜不喜食用；性强健，抗逆性强，可用作水土保持植物；还可作药用，茎皮纤维可作造纸原料，种子油可制肥皂。

幼苗　雌花序　群体　植株　果实

## ◎ 桑

学名：*Morus alba* L.　　别名：桑树、家桑

生境：生于山坡疏林中。

分布：辽河干流上游有野生，下游有栽培。

用途：桑树树冠丰满，枝叶茂密，秋叶金黄，适生性强，管理容易，为城市绿化的先锋树种。叶为桑蚕饲料。木材可制器具，枝条可编箩筐，桑皮可作造纸原料，桑葚可供食用、酿酒，叶、果和根皮可入药。

1 雌花序

2 雄花与幼叶

3 果实

4 雄花序

# 九、檀香科

本区内常见植物有百蕊草。

## ◎ 百蕊草

**学名**：*Thesium chinense* Turcz.　　**别名**：百乳草、细须草、青龙草

**生境**：生于山坡疏柞林石砾质地、干山坡、山坡灌丛及林缘、河谷草甸。

**分布**：辽河干流地区仅在鲁家大桥北侧有发现。

**应用**：全草入药，有清热解毒的功效。用于肠炎，肺脓疡，扁桃体炎，中暑，急性乳腺炎，淋巴结结核，急性膀胱炎。

植株

果实

# 十、蓼科

本地区主要植物有扁蓄、稀花蓼、酸模叶蓼、绵毛酸模叶蓼、红蓼、桃叶蓼、黑水酸模、羊蹄酸模、长刺酸模。

## ◎ 扁蓄蓼

学名：*Polygonum aviculare* L.

生境：生于荒地、路边及河滩地。

分布：广布于辽河干流地区。

用途：全草入药，有清热、利尿功能，与其他中药配用，可治尿道炎、膀胱炎、急性肾炎及疥癣疮疡等。

## ◎ 酸模叶蓼

学名：*Polygonum lapathifolium* L.　　别名：大马蓼、旱苗蓼、斑蓼

生境：生于水边和湿地。

分布：广布于辽河干流地区。

用途：全草入中药；果实为利尿药，主治水肿和疮毒；用鲜茎叶混食盐后捣汁，治霍乱和日射病有效；外用可敷治疮肿和蛇毒；全草可制土农药；种子含淀粉。

群体

植株

## ◎ 绵毛酸模叶蓼

**学名**：*Polygonum lapathifolium* L. var. *salicifolium* Sibth.　　**别名**：白绒蓼

**生境**：生于水边和湿地。

**分布**：广布于辽河干流地区。

**用途**：全草入药，具有解毒、健脾、化湿、活血、截疟的功能，用于治疗疮疡肿痛，暑湿腹泻，肠炎痢疾，小儿疳积，跌打伤疼，疟疾。

群体

叶片

植株

## ◎ 红蓼

**学名**：*Polygonum orientale* L.　　**别名**：东方蓼

**生境**：生于近水湿地或荒废场所，或栽培。

**分布**：广布于辽河干流地区。

**用途**：是绿化、美化庭园的优良草本植物；果实入药，有活血、止痛、消积、利尿的功效。

1 幼苗
2 花序
3 群体
4 植株

## ◎ 桃叶蓼

学名：*Polygonum persicaria* L.

生境：生于林区水湿地。

分布：广布于辽河干流地区。

用途：全草入药，有发汗除湿，消食止泻的功效。

群体和植株

## ◎ 羊蹄酸模

**学名：** *Rumex patientia* L. var. *callosus* Fr. Schmidt　　**别名：** 洋铁酸模

**生境：** 生于湿地。

**分布：** 广布于辽河干流地区。

**用途：** 主要用于岸边湿地绿化，列植、孤植效果均好；根药用。

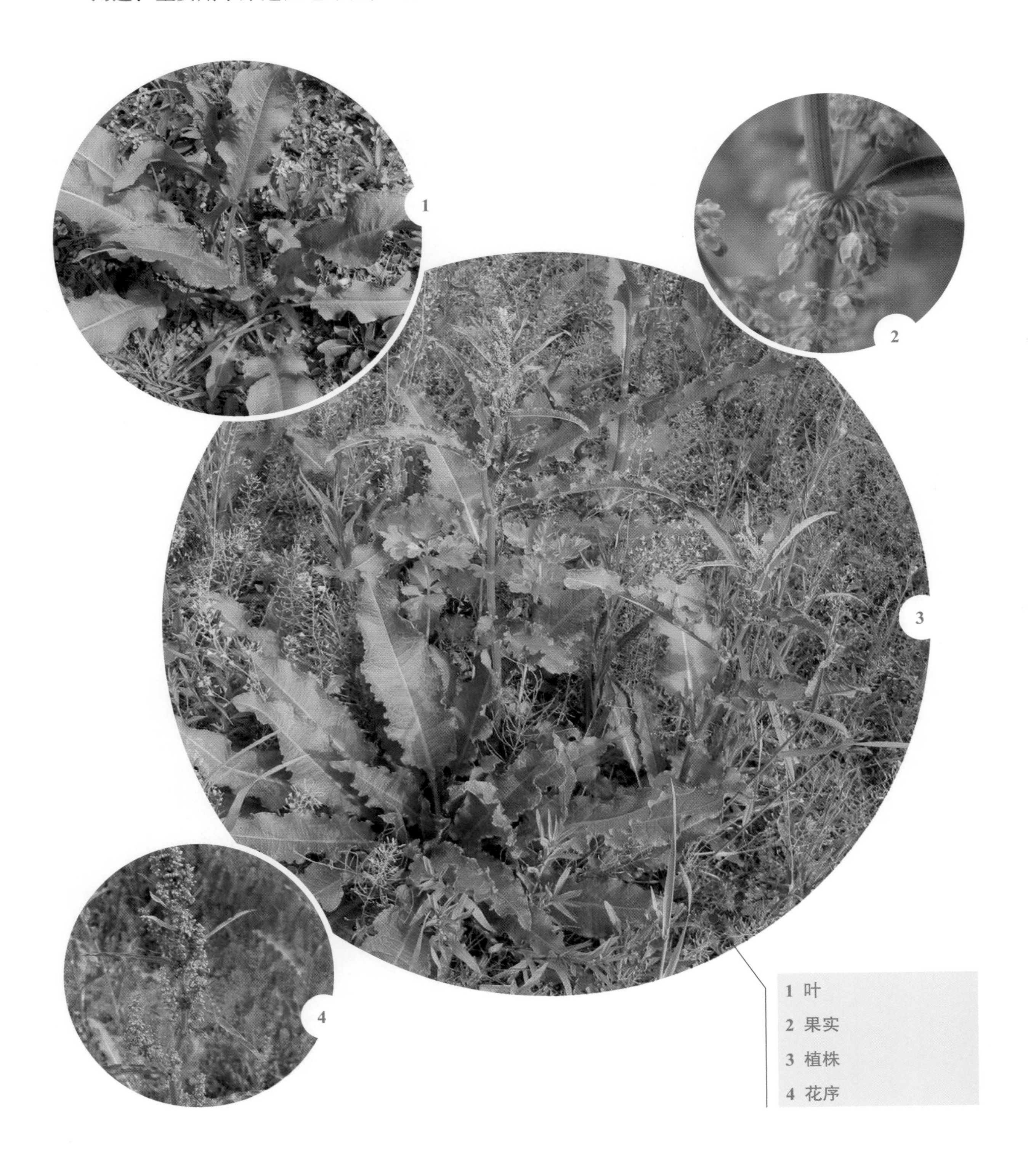

1 叶
2 果实
3 植株
4 花序

## ◎ 长刺酸模

学名：*Rumex maritimus* L.　　别名：海滨酸模、假菠菜

生境：生于湿地。

分布：广布于辽河干流地区。

用途：果入药，可杀虫，清热，凉血；用于痈疮肿痛，秃疮疥癣，跌打肿痛。

果

群体

花

植株

# 十一、藜科

本地区主要植物有中亚滨藜、滨藜、轴藜、小藜、藜、灰绿藜、虫实、木地肤、地肤、猪毛菜、刺沙蓬、碱蓬、翅碱蓬。

## ◎ 滨藜

学名：*Atriplex patens* (Litv.) Iljin

生境：生于轻度盐碱草地、海滨、沙土地等。

分布：主要分布在辽河河口。

群体　幼叶　植株　花　叶片

## ◎ 小藜

学名：*Chenopodium serotinum* L.　　别名：苦落藜

生境：生于荒地、河岸、沟谷、路旁。

分布：广布于辽河干流地区。

用途：嫩苗可食；全草入药，性甘苦，凉；功能去湿，解毒。

幼叶

植株　群体

## ◎ 藜

学名：*Chenopodium album* L.　　别名：灰条菜、灰藋、灰菜、飞扬草

生境：生于荒地、河岸沟谷、湿地、人家附近及草原。

分布：广布于辽河干流地区。

用途：幼苗可作蔬菜，茎可喂家畜；全草入药，能止泻痢、止痒。

幼苗　群体

叶片　子叶期

## ◎ 灰绿藜

学名：*Chenopodium glaucum* L.　　别名：黄瓜菜、山芥菜、山菘菠

生境：生于盐碱地、河滨、荒地及人家附近。

分布：广布于辽河干流地区。

用途：幼嫩植株可作猪饲料；灰绿藜与磁石配伍内服、外敷，可退入骨镞头。

幼苗

花序　茎叶

## ◎ 地肤

学名：*Kochia scoparia* (L.) Schrad.　　别名：落帚、扫帚苗、扫帚菜

生境：生于村旁、路旁、荒地及田间。

分布：广布于辽河干流地区。

用途：用于布置花篱、花境，或数株丛植于花坛中央，可修剪成各种几何造型进行布置；盆栽地肤可点缀和装饰于厅、堂、会场等；食用地肤的幼苗及嫩茎叶可炒食或做馅，也可烫后晒成干菜贮备，食时用水发开。

## ◎ 猪毛菜

学名：*Salsola collina* Pall.　　别名：扎蓬棵、扎蓬蒿、猪毛缨

生境：生于路旁、沟旁、荒地、沙丘、盐碱地及田间。

分布：广布于辽河干流地区。

用途：猪毛菜是中等品质的饲料，幼嫩茎叶，羊少量采食，调制后猪、禽喜食；果期全草可为药用，治疗高血压，效果良好。

花序　花　果穗　叶片

# 十二、苋科

本地区植物有绿苋、野苋、苋。

## ◎ 绿苋

学名：*Amaranthus viridis* L.　　别名：皱果苋、野苋

生境：生于宅旁、杂草地。

分布：广泛分布于辽河干流地区。

用途：嫩茎叶可作野菜食用，也可作饲料；全草入药，有清热解毒、利尿止痛的功效。

植株　幼叶

## ◎ 苋

学名：*Amaranthus tricolor* L.　　别名：雁来红、三色苋

生境：栽培，于田间有时呈野生状态。

分布：广布于辽河干流地区。

用途：茎、叶可作蔬菜食用，亦可供观赏，根、果实及全草入药，有明目、利大小便、去寒热功效。

植株　幼苗　叶片

## ◎ 女娄菜

学名：*Melandrium apricum* (Turcz. Ex Fisch. Et C. A. Mey.) Rohrb.　　别名：罐罐花、对叶草

生境：生于山坡、多石质山坡、松柞林下、草原沙质地、沙丘及路旁草地。

分布：广布于辽河干流地区。

用途：嫩叶、苗蒸熟去掉苦味加油盐后可食用；全草入药有活血调经、下乳、健脾、利湿、解毒的功效。

1 果实

2 植株

3 果实侧面

# 十五、睡莲科

本区内常见植物有莲。

## ◎ 莲

**学名：** *Nelumbo nucifera* Gaertn. **别名：** 莲花、荷花、芙蓉、菡萏、芙蕖

**生境：** 生于水中。

**分布：** 广布于辽河干流地区辽中、新民一带。

**用途：** 砌池植莲，并依水建立桥、榭，构成观荷景区，是中国式园林的传统方法，各地名胜风景，均广泛应用。也适用于点缀庭园水面，净化水体，或作盆栽。藕和莲子营养丰富，生食、熟食均宜。藕可加工成藕粉、蜜饯等。莲子有安神作用，常作汤羹或蜜饯，为中国民间滋补佳品。荷花花瓣、嫩叶可佐食。莲各部分均可入药。

花蕾 花 群体 莲 果实

# 十六、毛茛科

本地区主要植物有棉团铁线莲、白头翁、回回蒜毛茛、唐松草、水毛茛。

## ◎ 棉团铁线莲

学名：*Clematis hexapetala* Pall.　　别名：山蓼、棉花团

生境：生于山坡、草原、林缘。

分布：主要分布于七星山附近。

用途：根入药，有镇痛、利尿、消炎的作用。

花蕾

花

花序

## ◎ 白头翁

**学名**：*Pulsalilla chinensis* (Bunge) Regel　　**别名**：老公花、毛姑朵花

**生境**：生于草地或林缘。

**分布**：主要分布于七星山附近。

**用途**：根可入药，主治细菌性痢疾、阿米巴痢疾、湿热带下；根状茎水浸液可作土农药。

植株

## ◎ 茴茴蒜毛茛

学名：*Ranunculus chinensis* Bunge　　别名：水胡椒、蝎虎草

生境：生于湿草地。

分布：广布于辽河干流地区。

用途：全草入药，治肝炎，鲜草捣烂外敷。

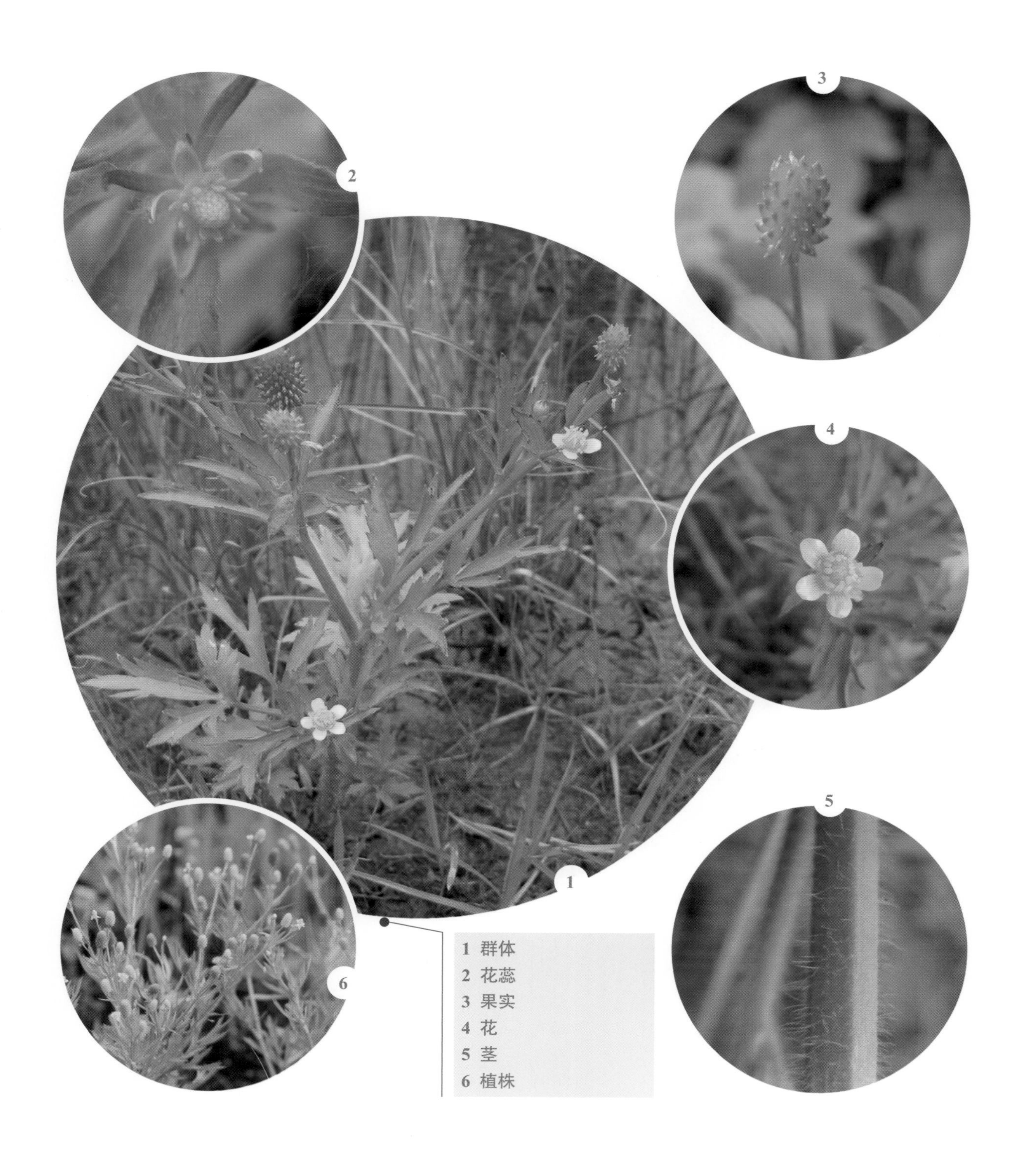

1 群体
2 花蕊
3 果实
4 花
5 茎
6 植株

# 十七、罂粟科

本区内常见植物有白屈菜、地丁草。

## ◎ 白屈菜

学名：*Chelidonium majus* L.　　别名：地黄花、牛金花

生境：生于山坡或山谷林边草地。

分布：广布于辽河干流地区。

用途：为有毒植物，可用于治疗百日咳。

1 群体
2 幼苗
3 植株
4 花
5 叶片

# 十八、十字花科

本地区主要植物有白花碎米荠、独行菜、北独行菜、风花菜、球果焯菜、焯菜、辽东焯菜。

## ◎ 独行菜

学名：*Lepidium apetalum* Willd.　　别名：腺茎独行菜、北葶苈子

生境：多生于村边、路旁、田间撂荒地，也生于山地、沟谷。

分布：广布于辽河干流地区。

用途：种子可以入药，止咳，祛痰，平喘，清热，解毒。

果实　群体　植株

## ◎ 风花菜

学名：*Rorippa islandica* (Oed.) Bord.　　别名：蔊菜、叶香

生境：生于山坡、石缝、路旁、田边、水沟潮湿地及杂草丛中。

分布：广布于辽河干流地区。

用途：药用价值，清热利尿，解毒，消肿。治黄疸、水肿、淋病、咽痛、痈肿、烫伤。

花序　花　未伸展花序　植株　幼叶

## ◎ 球果蔊菜

学名：*Rorippa globosa* (Turcz.) Thell.　　别名：水蔓菁、银条菜、大荠菜

生境：常见于沟边、河岸、水稻田边及荒地、路旁。

分布：广布于辽河干流地区。

用途：叶柔软，味纯正，茎秆和花枝细弱，纤维素含量低，各种畜禽均喜食，特别是猪、禽、兔最喜食。

叶片

花

植株

# 十九、蔷薇科

本地区主要植物有龙牙草、榆叶梅、山里红、稠李、委陵菜、莓叶委陵菜、羽叶委陵菜、蒿叶委陵菜、中华委陵菜、毛樱桃、野蔷薇、地榆、土庄绣线菊、柳叶绣线菊、三裂绣线菊等。

## ◎ 龙牙草

学名：*Agrimonia pilosa* Ledeb.　　别名：仙鹤草、地仙草

生境：分布于荒地、山坡、路弯、草地。

分布：主要分布于七星山附近。

用途：青草期马、羊少量采食，牛乐食，霜后其适口性有所提高。制青草粉可喂猪。龙牙草的全草、根及冬芽均为重要药材。具有止血，强心，强壮，止痢及消炎等功效。

## ◎ 榆叶梅

学名：*Amygdalus triloba* Lindl.　　别名：榆梅、小桃红、榆叶鸾枝

生境：生于低至中海拔的坡地或沟旁乔、灌木林下或林缘。

分布：为辽河干流地区常见绿化灌木。

用途：用作观赏植物。

花　果皮　幼果　果实

## ◎ 山里红

**学名**：*Crataegus pinnatifida* Bge. var. major N.　　**别名**：红果

**生境**：生于山坡林缘、河岸灌丛。

**分布**：主要分布于七星山附近。

**用途**：既可观赏，又供食用，可生吃，也可蜜制成各种果脯；干制后入药，功效同山楂。

## ◎ 委陵菜

**学名**：*Potentilla chinensis* Ser.　　**别名**：翻白草、白头翁、蛤蟆草

**生境**：生于山坡、路边、田旁、山林草丛中。

**分布**：主要分布于辽河干流中上游地区。

**用途**：可药用，清热解毒，凉血止痢；用于赤痢腹痛，久痢不止，痔疮出血，痈肿疮毒。

## ◎ 莓叶委陵菜

**学名**：*Potentilla fragarioides* linn.　　**别名**：满山红、毛猴子、菜飘子

**生境**：生于地边、沟边、草地、灌丛及疏林下。

**分布**：主要分布于辽河干流中上游地区。

**用途**：药用价值，主治补阴虚，止血；用于治疝气、月经过多、功能性子宫出血、产后出血。

## ◎ 地榆

学名：*Sanguisorba officinalis* L.　　别名：黄爪香、玉札、山枣子

生境：生于草原、草甸、山坡草地、灌丛中、疏林下。

分布：主要分布于七星山附近。

用途：本种根为止血药，可用于治疗烧伤、烫伤，此外有些地区用来提制栲胶，嫩叶可食，又作代茶饮。

植株 | 花 / 叶片

# 二十、豆科

本地区主要植物有胡枝子、合萌、紫穗槐、华黄芪、夏黄芪、黄芪、糙叶黄芪、锦鸡儿、小叶锦鸡儿、野大豆、刺果甘草、狭叶米口袋，鸡眼草、短序胡枝子，兴安胡枝子、多花胡枝子、尖叶胡枝子、绵毛胡枝子、黄花木犀、草木犀、野苜蓿、苦参、草藤、广布野豌豆。

## ◎ 胡枝子

学名：*Lespedeza bicolor* Turcz.　　别名：随军茶、二色胡枝子

生境：生于向阳山坡、山谷、路边灌丛中或林缘。

分布：广布于辽河干流地区。

用途：可作绿肥及饲料；根为清热解毒药，治疮疔、蛇伤等。

| 植株 | 花 |
|---|---|
| 群体 | 叶片 |

## ◎ 合萌

**学名**：*Aeschynomene indica* L.　　**别名**：田皂角、水松柏、水通草

**生境**：喜温暖气候，常野生于低山区的湿润地、水田边或溪河边。对土壤要求不严，可利用潮湿荒地、塘边或溪河边的湿润处栽培。

**分布**：广布于辽河干流地区。

**用途**：本种为优良的绿色植物；全草入药，能利尿解痛；茎髓质，质地轻软，耐水性，可制遮阳帽、浮子、救生圈和瓶塞等；种子有毒，不可食用。

植株

## ◎ 紫穗槐

学名：*Amorpha fruticosa* L.　　别名：棉槐、椒条、棉条

生境：生长于荒山坡、道路旁、河岸、盐碱地。

分布：辽河干流绿化植物。

用途：蜜源植物，常植作绿墙用。根部有根瘤可改良土壤，枝叶对烟尘有较强的抗性，故又可用作水土保持、被覆地面和工业区绿化，又常作防护林带的带下植物。枝叶作绿肥；枝条用以编筐；果实含芳香油，种子含油 10%。

植株　叶片

萌枝　花序

果序　果实

## ◎ 夏黄芪

学名：*Astragalus complanatus* Bunge.　　别名：背扁黄芪

生境：生于路边、沟岸、草坡及干草场。

分布：广布于辽河干流地区。

用途：全株可作绿肥、肥料；根系发达，也是水土保持的优良牧草。

果实　幼果　群体　花

## ◎ 华黄芪

**学名**：*Astragalus chinensis* L. f.

**生境**：生于草原带的山地和森林草原带的河滩草甸、林缘、灌丛、林间草甸，亦见于林区的撂荒地。

**分布**：主要分布于辽河干流中、上游地区。

**用途**：可作饲用植物。

果期植株　幼果　花期植株　群体　花

## ◎ 野大豆

**学名**：*Glycine soja* Sieb. et Zucc　　**别名**：落豆秧、劳豆

**生境**：喜水耐湿，多生于山野以及河流沿岸、湿草地、湖边、沼泽附近或灌丛中，稀见于林内和风沙干旱的沙荒地。山地、丘陵、平原及沿海滩涂或岛屿可见其缠绕他物生长。

**分布**：广布于辽河干流地区。

**用途**：作为优质饲料和绿肥植物；带果全草入药，用以治盗汗、目疾等。

植株　花　果　幼叶　叶片　群体

## ◎刺果甘草

学名：*Glycyrrhiza pallidiflora* Maxim.　　别名：胡苍耳、马狼秆

生境：生于湿草地、河岸湿地及河谷坡地上。

分布：主要分布于河口。

用途：茎皮纤维可织麻袋或作编织品原料。

花序　叶片

果实　群体

植株

## ◎ 鸡眼草

**学名**：*Kummerowia striata* (Thunb.) Schindl.　　**别名**：短穗铁苋菜

**生境**：生长于向阳山坡的路旁、田中、林中及水边。

**分布**：广布于辽河干流地区。

**用途**：药用植物，清热解毒，健脾利湿。主治：感冒发热，暑湿吐泻，疟疾，痢疾，传染性肝炎，热淋，白浊。

幼苗　　果枝

植株　　花　　叶片

## ◎ 尖叶胡枝子

学名：*Lespedeza juncea* (L. f.) Pers.

生境：生于山坡灌丛间。

分布：广布于辽河干流地区。

用途：枝叶做绿肥。

幼叶　　叶片

枝条　　花　　果序

## ◎ 苜蓿

**学名**：*Medicago sativa* L.　　**别名**：金花菜

**生境**：生于沙质地、干草地、河岸、杂草地及草甸草原等处。

**分布**：广布于辽河干流地区。

**用途**：本种适应能力强，耐寒抗旱，抗病虫害，耐盐碱，是营养价值很高的牧草，适口性好，为各种家畜所喜食。

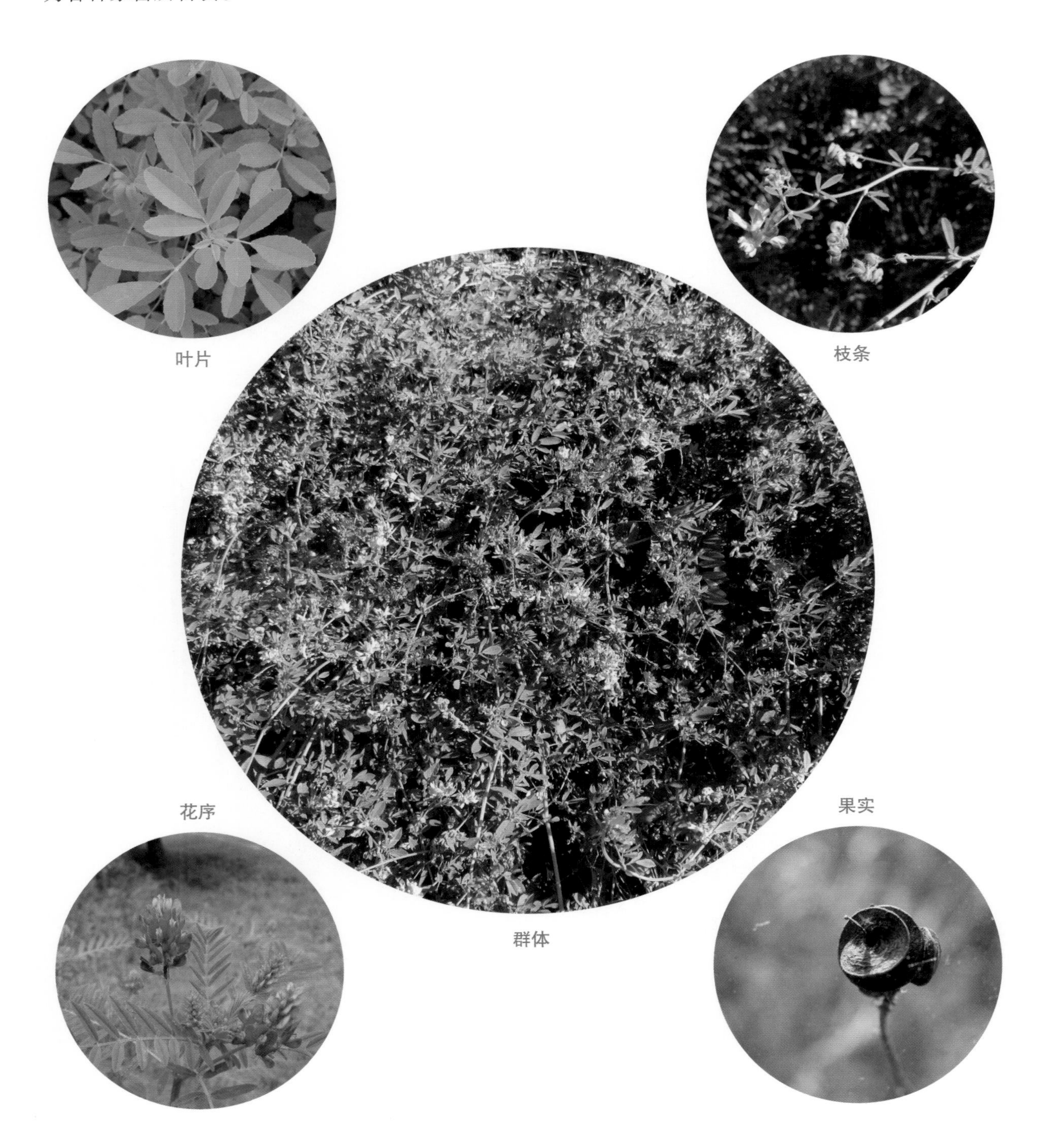

叶片　枝条　花序　群体　果实

## ◎ 白花草木樨

学名：*Melilotus alba* Desr.　　别名：白香草木樨、白甜车轴草

生境：常见逸生于低湿地及荒地。

分布：广布于辽河干流地区。

用途：用于水土保持，是蜜源、绿肥植物；富含蛋白质，为优良饲料。

花

植株

群体

## ◎ 黄花草木樨

学名：*Melilotus officinalis*　　别名：黄甜车轴草、黄草木樨

生境：常见逸生于低湿地及荒地。

分布：广布于辽河干流地区。

用途：为重要饲料，也为水土保持优良草种，并为绿肥和蜜源植物；花干燥后，可直接拌入烟草内作芳香剂。

花

群体

植株

# 二十一、酢浆草科

本地区主要植物有酢浆草。

## ◎ 酢浆草

学名：*Oxalis corniculata* L. 别名：酸浆草、酸酸草、斑鸠酸

生境：生于山坡草池、河谷沿岸、路边、田边、荒地或林下阴湿处等。

分布：广布于辽河干流地区。

用途：全草入药，有清热解毒，利尿、消肿、散瘀、解痛之功效。

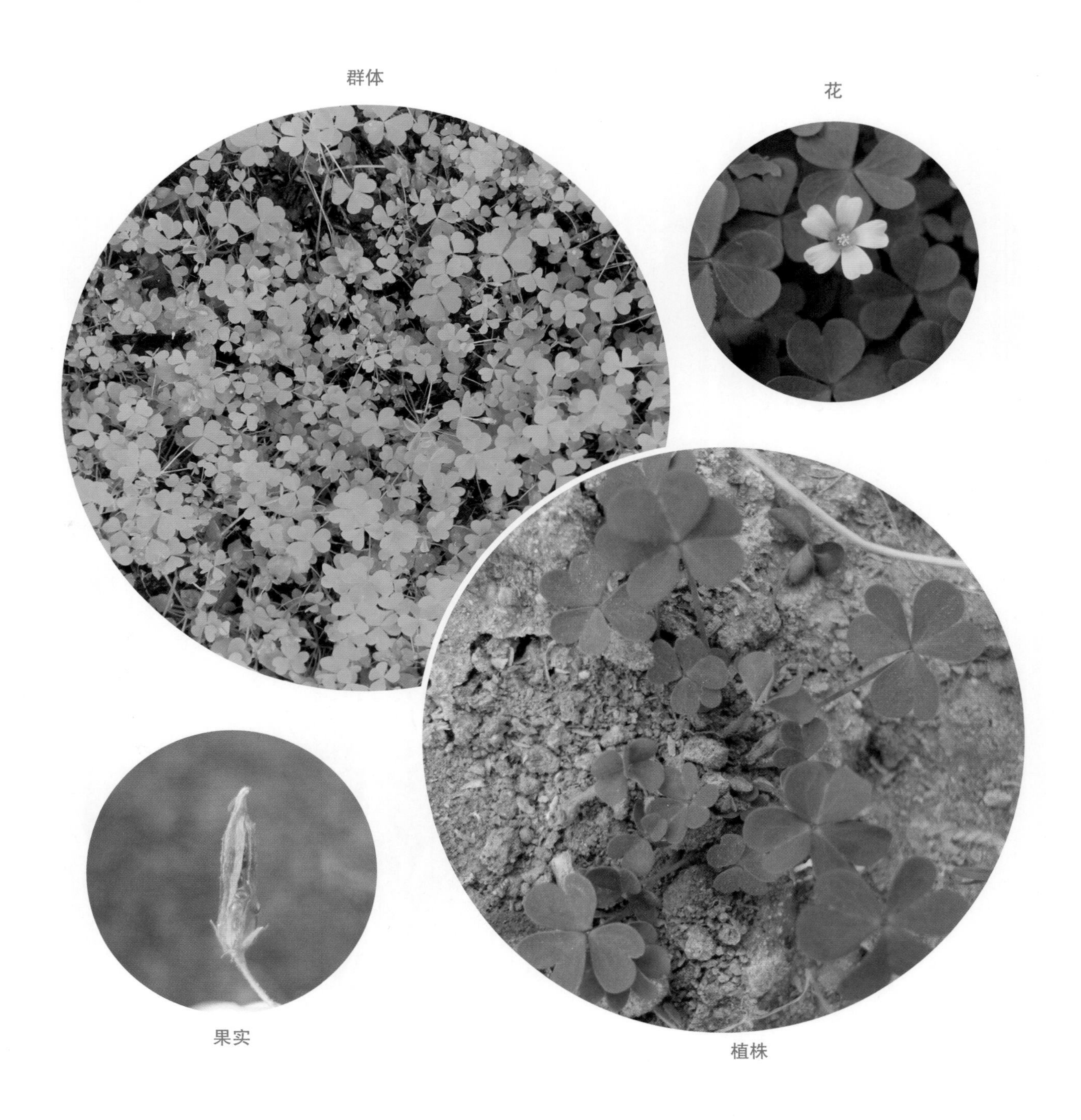

群体 花 果实 植株

## 二十二、牻牛苗儿科

本地区主要植物有鼠掌老鹳草。

### ◎ 鼠掌老鹳草

学名：*Geranium sibiricum* L.　　别名：鼠掌草

生境：生于杂草地、住宅附近、河岸、林缘。

分布：广布于辽河干流地区。

用途：全草入药，能祛风湿、痛经活血、强筋骨，并有清热解毒、止泻之功效。

植株　幼苗　花

花序与叶　果实

# 二十三、亚麻科

本地区主要植物有野亚麻。

## ◎ 野亚麻

学名：*Linum stellarioides* Planch　　别名：亚麻、疔毒草

生境：生于山坡、路旁和荒山地。

分布：主要分布在七星山附近。

用途：茎皮纤维可作人造棉、麻布和造纸原料。

果实　幼果

花　植株

# 二十四、蒺藜科

本地区主要植物有蒺藜。

## ◎ 蒺藜

学名：*Tribulus terrestris* L.　　别名：蒺藜狗子

生境：生于山坡、田间路旁和荒山地。

分布：主要分布在辽河干流沈北、法库、康平段。

用途：果实入药，可治疗头痛眩晕、胸胁胀痛等症。

群体　　植株

果实　　花　　枝条

# 二十五、远志科

本地区主要植物有日本远志、远志。

## ◎ 远志

**学名**：*Polygala tenuifolia* Willd.

**生境**：生于山坡草地或道路旁。

**分布**：主要分布于七星山附近。

**用途**：性温，味苦、辛，具有安神益智、祛痰、消肿的功能，用于心肾不交引起的失眠多梦、健忘惊悸，神志恍惚，咳痰不爽，疮疡肿毒，乳房肿痛。

植株

# 二十六、大戟科

本地区主要植物有铁苋菜、乳浆大戟、地锦、通乳草大戟、林大戟、雀儿舌头、东北油柑、叶底珠。

## ◎ 铁苋菜

学名：*Acalypha australis* L.　　别名：血见愁、海蚌念珠

生境：生于山坡、沟边、路旁、田野。

分布：广布于辽河干流地区。

用途：可入药，清热解毒，消积，止痢，止血；用于肠炎，细菌性痢疾，阿米巴痢疾，小儿疳积，肝炎，疟疾，吐血，衄血，尿血，便血，子宫出血；外用治痈疖疮疡，外伤出血，湿疹，皮炎，毒蛇咬伤。

幼叶　果实　幼苗

植株　花序

植株　叶片

## ◎ 乳浆大戟

学名：*Euphorbia esula* L.

生境：野生于山坡或路旁。

分布：广布于辽河干流地区。

用途：种子含油约35%，供工业用油；全草切碎，投入粪池能杀蛆；该物种为中国植物图谱数据库收录的有毒植物，其毒性为全草有毒，误食能腐蚀肠胃黏膜，先呕吐后腹泻。



## ◎ 东北油柑

学名：*Phyllanthus ussuriensis* Rupr. et Maxim.　　别名：蜜甘草

生境：生于多石砾山坡，林缘湿地及河岸石砬子缝间。

分布：主要分布于七星山附近。

用途：可药用，治脾胃气滞所致的脘腹胀痛、食欲不振、寒疝腹痛、下痢腹痛。

枝条

## ◎ 叶底珠

学名：*Securinega suffrnticosa* (Pall.) Rehd.　　别名：一叶萩、狗杏条

生境：适应性极为广泛，耐寒、抗旱、抗瘠薄；喜深厚肥沃的沙质壤土，但在干旱瘠薄的石灰岩山地上也可生长良好。

分布：主要分布于七星山附近。

用途：可入药，可用于祛风活血，补肾强筋，用于面神经麻痹，小儿麻痹后遗症，眩晕，耳聋，神经衰弱，嗜睡症。

果实　幼苗　花

# 二十七、卫矛科

本地区主要植物有桃叶卫矛。

## ◎ 桃叶卫矛

学名：*Euonymus bungeanus* Maxim.　　别名：明开夜合、白杜

生境：生于林缘、草坪、路旁、湖边及溪畔。

分布：辽河干流中下游地区有栽培。

用途：很具观赏价值，是园林绿地的优美观赏树种，也可用作防护林或工厂绿化树种。

花　幼果　果实　植株

# 二十八、槭树科

本地区主要植物有色木槭、茶条槭。

## ◎ 茶条槭

学名：*Acer ginnala* Maxim.　　别名：茶条

生境：常生于向阳山坡、河岸或湿草地，散生或形成丛林，在半阳坡或半阴坡杂木林缘也常见。

分布：辽河干流地区常见栽培植物。

用途：本种树是良好的庭园观赏树种，也可栽作绿篱及小型行道树，屏风，丛植，群植，且较其他槭树耐阴；萌蘖力强，可盆栽。

花　幼果　果实　花序

# 二十九、无患子科

本地区主要植物有栾树。

## ◎ 栾树

学名：*Koelreuteria paniculata* Laxm.　　别名：灯笼树、摇钱树

生境：主要生于深厚、湿润的土壤。

分布：辽河干流地区有栽培。

用途：栾树树形端正，枝叶茂密而秀丽，春季嫩叶多为红叶，夏季黄花满树，入秋叶色变黄，果实紫红，形似灯笼，十分美丽。栾树适应性强、季相明显，是理想的绿化、观叶树种；宜做庭荫树、行道树及园景树。此外，也可提制栲胶，花可作黄色染料，种子可榨油。栾树也是工业污染区配植的好树种。

花序　花　果实　种子

# 三十、鼠李科

本地区主要植物有鼠李、圆叶鼠李、小叶鼠李。

## ◎ 鼠李

学名：*Rhamnus davurica* Pall.　　别名：乌槎树、冻绿柴、老鹳眼

生境：生于山地杂木林中。

分布：辽河干流中上游有野生。

用途：可入药，功能主治清热利湿，消积杀虫；治水肿腹胀、疝瘕、瘰疬、疥癣、齿痛。

叶片　果实与枝　萌枝

# 三十一、葡萄科

本地区主要植物有美国地锦。

## ◎ 美国地锦

学名：*Parthenocissus quinquefolia*（L.）Planch.　　别名：五叶地锦

生境：较爬山虎更耐寒，沈阳可露地栽培，但攀缘能力、吸附能力较逊色，在北方墙面上的植株常被大风刮掉。

分布：常见绿化植物。

用途：可用于庭院等垂直绿化。

枝条　群体　幼叶　叶与花序

# 三十二、锦葵科

本地区内常见植物主要有苘麻、野西瓜苗、锦葵。

## ◎ 苘麻

学名：*Abutilon theophrasti* Medic.　　别名：青麻

生境：常生于路边、田野、河岸，亦有栽培；遍布东北。

分布：主要分布于张家堡子大桥。广布于辽河干流地区。

用途：苘麻纤维主要用作船舶和养殖海带用绳索的原料；织成的麻袋用于修筑隧道、涵洞及防汛。

幼苗　花　果实

植株　群体

## ◎ 野西瓜苗

学名：*Hibiscus trionum* Linn.　　别名：香铃草、小秋葵、打瓜花

生境：多生长在干燥的石质低山、丘陵坡地、山麓冲沟以及砾石质戈壁中或沙丘丘间低地。

分布：广布于辽河干流地区。

用途：全草入药，有清热解毒、祛风除湿、止咳、利尿之功效，种子有润肺止咳、补肾之功效，根和花也可入药；种子含油量约为 20%，可榨油供工业用。

植株　　花　　幼果

果实　　叶片

# 三十三、柽柳科

本区内常见植物有柽柳。

## ◎ 柽柳

**学名**：*Tamarix chinensis* Lour. [T.juniperina Bunge]　　**别名**：垂丝柳、西湖柳、红柳

**生境**：生于内陆及海滨盐碱地及河岸。

**分布**：主要分布于河口。

**用途**：可入药疏风散寒，解表止咳，升散透疹，祛风除湿，消痞解酒。

枝

花序

群体

叶

# 三十四、堇菜科

本区内常见植物有东北堇菜、紫花地丁、茜堇菜。

## ◎ 东北堇菜

学名：*Viola mandshurica* W. Beck.　　别名：堇菜、紫花地丁

生境：生于草地、草坡、灌丛、林缘、疏林下、田野荒地及河岸沙地处。

分布：广布于辽河干流地区。

用途：清热解毒，消肿排脓。主要治疗痈疽疔毒，目赤肿痛，咽喉肿痛，乳痈，黄疸，各种脓肿，淋巴结核，泄泻，痢疾等。

植株与花

种子

## ◎ 紫花地丁

**学名**：*Viola philippica* Car.　　**别名**：铧头草、光瓣堇菜

**生境**：生于向阳草地、林缘、灌丛、草甸草原、沙地。

**分布**：广布于辽河干流地区。

**用途**：可入药，其性寒，味微苦，清热解毒，凉血消肿。主治黄疸、痢疾、乳腺炎、目赤肿痛、咽炎；外敷治跌打损伤、痈肿、毒蛇咬伤等。是极好的地被植物，也可栽于庭园，装饰花境或镶嵌草坪。

植株与花

花

# 三十五、千屈菜科

本区内常见植物有千屈菜。

## ◎ 千屈菜

学名：*Spiked Loosestrlfe* L.　　别名：鞭草、败毒草

生境：多生长在沼泽地、水旁湿地和河边、沟边。

分布：广布于辽河干流地区。

用途：清热，凉血，清热毒，收敛，破经通瘀；治痢疾，血崩，溃疡；用于痢疾、瘀血经闭。

植株

花

群体

# 三十六、柳叶菜科

本区内常见植物有月见草。

## ◎ 月见草

学名：*Oenothera biennis* L.　　别名：待霄草、山芝麻、野芝麻

生境：生于山区向阳地、沙质地、荒地、河岸沙砾地。

分布：广布于辽河干流地区。

用途：月见草性温，味甘，有强筋壮骨、祛风除湿的功能，用于治疗风湿病，筋骨疼痛等症。其种子经过榨油、皂化、酸化可先获得 $\gamma$- 亚麻酸，以此为原料，经过化学结构改造，再经过生物合成即可得到前列腺素 E1，它是抗血栓、扩血管新药，广泛用于血栓性脉管炎、慢性动脉闭塞症、心肌梗死、视网膜中央静脉血栓动脉造影、血管重建造影等。

花序　叶片　群体　植株　花

# 三十七、菱科

本区内常见植物有丘角菱。

## ◎ 丘角菱

学名：*Trapa japonica* Fler.　　别名：菱角、菱角秧子

生境：生于湖泊、河湾、旧河床中。

分布：广布于辽河干流地区。

用途：果实可食用，可入药；气微，味甘。

植株

叶片

# 三十八、小二仙草科

本区内常见植物有狐尾藻。

## ◎ 狐尾藻

学名：*Myriophyllum vericillatum* L.　　别名：布拉狐尾、凤凰草、青狐尾

生境：生于池沼水中。

分布：广布于辽河干流地区。

用途：可作为观赏植物，全草为草鱼和猪的饲料。

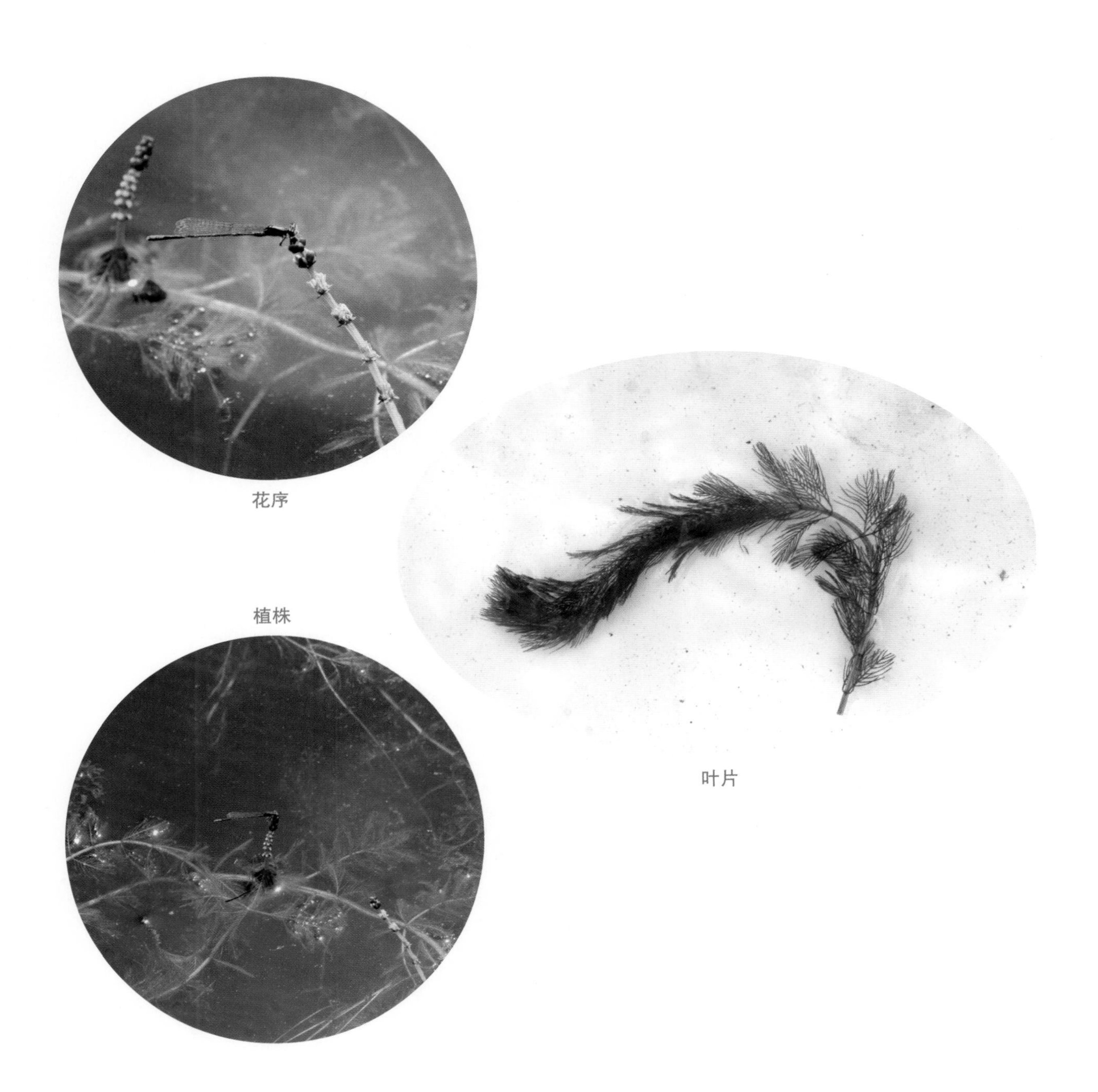

花序

植株

叶片

# 三十九、伞形科

## ◎ 蛇床

**学名**：*Cnidium monnieri*（L.）Cuss.　　**别名**：蛇床子、野茴香、野胡萝卜

**生境**：生于湖边草地、田边及路旁杂草地。

**分布**：广布于辽河干流地区。

**用途**：中药治阳痿，宫冷不孕，寒湿带下，湿痹腰痛，阴部湿痒，湿疮，湿疹，疥癣；蒙药治食积，腹胀，嗳气，胃寒，皮肤瘙痒，阴道滴虫病，痔疮，湿疹，“青腿病”，关节疼痛。

花序　花　茎　群体

## ◎ 北柴胡

学名：*Bupleurum chinense* DC.　　别名：竹叶柴胡、硬苗柴胡、韭叶柴胡

生境：生于山坡柞林下、林缘、灌丛间。

分布：主要分布在七星山附近。

用途：柴胡多栽植于花境、墙垣或草坪边缘，夏季开花时，富有野趣。根、茎入药，性苦、微寒，对肝、肺有解表和里，升阳、疏肝解瘀的调经作用。主治感冒、上呼吸道感染、疟疾、寒热往来、胁痛、肝炎、胆道感染、胆囊炎、月经不调、脱肛。

# 四十、木犀科

本区内常见植物有金钟连翘、紫丁香、水蜡。

## ◎ 金钟连翘

学名：*Forsythia intermedia* Zabel　　别名：金钟花

生境：生于向阳山坡，土壤深厚处。

分布：辽河干流地区常见栽培植物。

用途：街道和庭院绿化的好树种，为晚秋初冬的翠绿风景线；又是珍贵的庭院观赏树种。

花

芽

叶片

群体

## ◎ 紫丁香

学名：*Syringa oblata* Lindl.　　别名：百结、情客、龙梢子

生境：生于山坡灌丛。

分布：辽河干流地区常见栽培植物。

用途：花香浓郁，可提炼芳香油；北方重要的观赏树种，常种植于公园、花园、庭院以及路边，还可以用于切花；对二氧化硫有较强的吸收能力，可净化空气；叶可以入药，味苦、性寒、有清热燥湿的作用，民间多用于止泻。

花序　花

叶片　果实

# 四十一、夹竹桃科

本区内常见植物有罗布麻。

## ◎ 罗布麻

学名：*Apocynum venetum* L.　　别名：野麻、茶叶花、红柳子

生境：生于盐碱地、湿草甸、河滩沙地。

分布：广布于辽河干流地区中、下游地区。

用途：茎皮是一种良好的纤维原料。根和叶有药用价值，罗布麻性微寒，味苦甘，能清热降火，平肝息风，主治头痛、眩晕、失眠等症；叶含罗布麻苷，具有强心作用，制成罗布麻茶、罗布麻药片和罗布麻烟等可治疗高血压等症。

花　叶片　群体　植株　花序

# 四十二、萝藦科

本区内常见植物有萝藦、杠柳、地梢瓜、白前、鹅绒藤。

## ◎ 萝藦

**学名**：*Metaplexis japonica* (Thunb.) Makino　　**别名**：白环藤、奶浆藤、天浆壳

**生境**：生于山坡、田野或路旁。

**分布**：广泛分布于辽河干流地区。

**用途**：以块根、全草和果壳入药。根补气益精；果壳补虚助阳，止咳化痰；全草强壮，行气活血，消肿解毒。

## ◎ 杠柳

学名：*Periploca sepium* Bunge　　别名：羊奶子、北五加皮、羊角桃

生境：生于林缘、山坡、山沟、河边沙质地。

分布：主要分布于康平、法库、盘锦等地。

用途：优良的固沙、水土保持树种；根皮入中药，茎枝入蒙药。

叶片

花

果与枝条

群体

## ◎ 地梢瓜

学名：*Cynanchum thesioides* (Furyn) K. Schum　　别名：地梢花、浮瓢棵

生境：生于草啄、沙丘、撂荒地、田埂。

分布：广布于辽河干流地区。

用途：以全草及果实入药，可益气，通乳，用于体虚乳汁不下；外用治瘊子。

花

植株

果实

幼果

## ◎ 鹅绒藤

学名：*Cynanchum chinense* R. Br.　　别名：祖子花

生境：生于沙地、河滩地、田埂、沟渠。

分布：主要分布于河口。

用途：入中药可治风湿痛，腰痛，胃痛，小儿食积；外用治赘疣。

花

叶与花序

果实

幼果

# 四十三、旋花科

本区内常见植物有 打碗花、田旋花、圆叶牵牛、裂叶牵牛。

## ◎ 打碗花

学名：*Calystegia hederacea* Wall.　　别名：狗儿蔓、斧子苗、喇叭花

生境：生于田间、路旁、荒地。

分布：广布于辽河干流地区。

用途：嫩茎叶可作蔬菜。花及根可入药；根状茎健脾益气，利尿，调经，止带，用于脾虚消化不良，月经不调，乳汁稀少；花止痛，外用治牙痛。

花　花解剖　植株　叶片

## ◎ 田旋花

学名：*Convolvulus arvensis* L.　　别名：小旋花、中国旋花、野牵牛、拉拉菀

生境：生于山坡、沙地、路旁。

分布：广布于辽河干流地区。

植株

幼苗

花

## ◎ 圆叶牵牛

**学名：** *Pharbitis purpurea* (L.) Voisgt

**生境：** 生于田边、路旁或栽培。

**分布：** 广布于辽河干流地区。

**用途：** 能泻水下气、消肿杀虫，主治水肿、尿闭等症。

## ◎ 裂叶牵牛

学名：*Pharbitis nil* (L.) Choisy　　别名：喇叭花子

生境：生于田边、路旁或栽培。

分布：广布于辽河干流地区。

用途：可入药，主治泻水通便，消痰涤饮，杀虫攻积；用于水肿胀满，二便不通，痰饮积聚，气逆喘咳，虫积腹痛，蛔虫、绦虫病。

植株　叶片　果实　叶与花

# 四十四、紫草科

本区内常见植物有鹤虱、东北鹤虱、紫筒草、砂引草、附地菜。

## ◎ 东北鹤虱

学名：*Lappula intermidia* (Ledeb.) M.

生境：生于沙丘、沙质地、干山坡或路旁草地。

分布：广布于辽河干流地区。

用途：果实可供药用，杀虫消积。

花

植株

## ◎ 砂引草

**学名**：*Messerschmidia sibirica* L.　　**别名**：紫丹草、西伯利亚紫丹

**生境**：生于海岸或内陆沙地。

**分布**：广布于辽河干流下游地区。

**用途**：属于中等偏低或中等的饲用植物；砂引草的花香气浓郁，可提取其芳香油，还可做绿肥，也是较好的固沙植物。

果实　花　植株　群体 1　群体 2

## ◎ 附地菜

学名：*Trigonotis peduncularis* (Tev.) Benth. ex Baker et Moore　　别名：鸡肠、鸡肠草、地胡椒

生境：生于林下，田边，荒地和杂草丛中。

分布：广布于辽河干流地区。

用途：全草入药；温中健胃，消肿止痛，止血；用于胃痛，吐酸，吐血；外用治跌打损伤，骨折。

幼苗　植株

花序　花

# 四十五、唇形科

本区内常见植物有水棘针、益母草、香茶菜、连钱草、风轮菜、尾叶香茶菜、水苏等。

## ◎ 水棘针

**学名**：*Amethystea cearulea* L.

**生境**：见于田边、旷野、路边及河岸沙地等开阔和略湿润的地方。

**分布**：广布于辽河干流地区。

**用途**：昭通地区药用，作荆芥代用品。

植株　叶片

花

## ◎ 益母草

**学名**：*Leonurus japonicum* Maxim.　　**别名**：益母蒿、红花艾、坤草

**生境**：生于山野荒地、田埂、草地等。

**分布**：广布于辽河干流地区。

**用途**：味辛苦、凉；活血、祛瘀、调经、消水；治疗妇女月经不调，胎漏难产，胞衣不下，产后血晕，瘀血腹痛，崩中漏下，尿血、泻血，痈肿疮疡。

## ◎ 连钱草

学名：*Glechoma longituba*（Nakai）Kupr　　别名：神仙对坐草、地蜈蚣、铜钱

生境：生于田野、林缘、路边、林间草地、溪边河畔或村旁阴湿草丛中。

分布：广布于辽河干流地区。

用途：清热解毒，利尿排石，散瘀消肿；用于尿路结石、肝胆结石、湿热黄疸、跌打损伤。

花

植株

## ◎ 风轮菜

学名：*Clinopodium chinense* (Benth.) O. Ktze.　　别名：豆草

生境：生长于草地、山坡、路旁。

分布：广布于辽河干流地区。

用途：可入药，疏风清热，解毒消肿；治感冒，中暑，急性胆囊炎，肝炎，肠炎，痢疾，腮腺炎，乳腺炎，疔疮肿毒，过敏性皮炎，急性结膜炎。

花序

花

叶片

植株

## ◎ 水苏

学名：*Stachys japonica* Miq.　　别名：乌雷公、朋头草、陈痧草
生境：生于湿地。
分布：广布于辽河干流地区。
用途：全草入药，民间用治百日咳、扁桃体炎、咽喉炎等症。

# 四十六、茄科

本区内常见植物有曼陀罗、龙葵、刺萼龙葵、酸浆、假酸浆、毛酸浆。

## ◎ 曼陀罗

学名：*Datura stramonium* L.　　别名：曼荼罗、满达、曼扎

生境：野生在田间、沟旁、道边、河岸、山坡等地方。

分布：广布于辽河干流地区。

用途：全株有剧毒，其叶、花、籽均可入药；味辛、性温，药性镇痛麻醉、止咳平喘；主治咳逆气喘、面上生疮、脱肛及风湿、跌打损伤，还可作麻醉药。

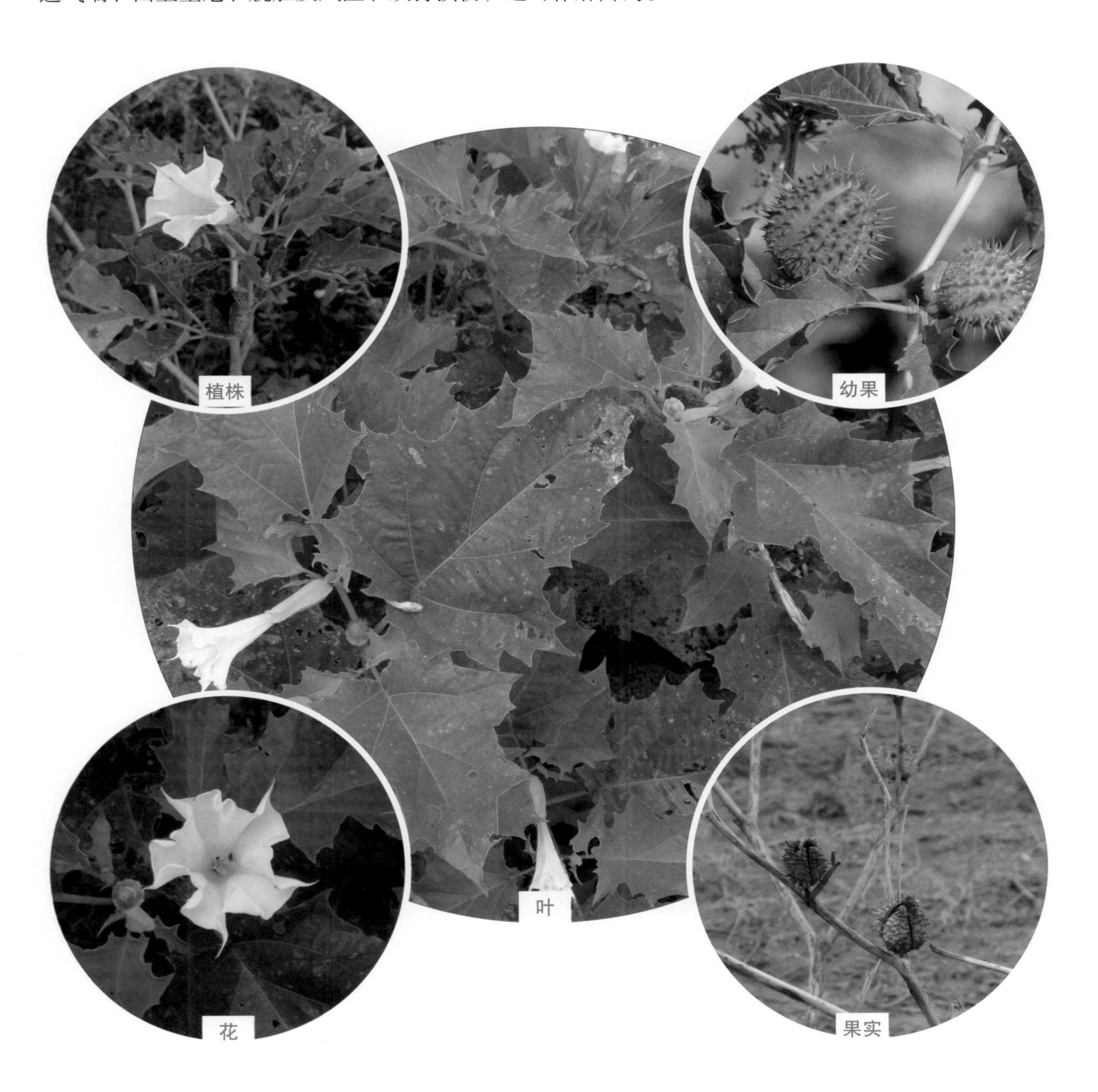

## ◎ 龙葵

**学名**：*Solanum nigrum* L.　　**别名**：乌籽菜、天茄子、牛酸浆

**生境**：生于路边，荒地。

**分布**：广布于辽河干流地区。

**用途**：清热，解毒，活血，消肿；治疗疮，痈肿，丹毒，跌打扭伤，慢性气管炎，急性肾炎；用于疮痈肿毒、皮肤湿疹、小便不利、老年慢性气管炎、白带过多、前列腺炎、痢疾。

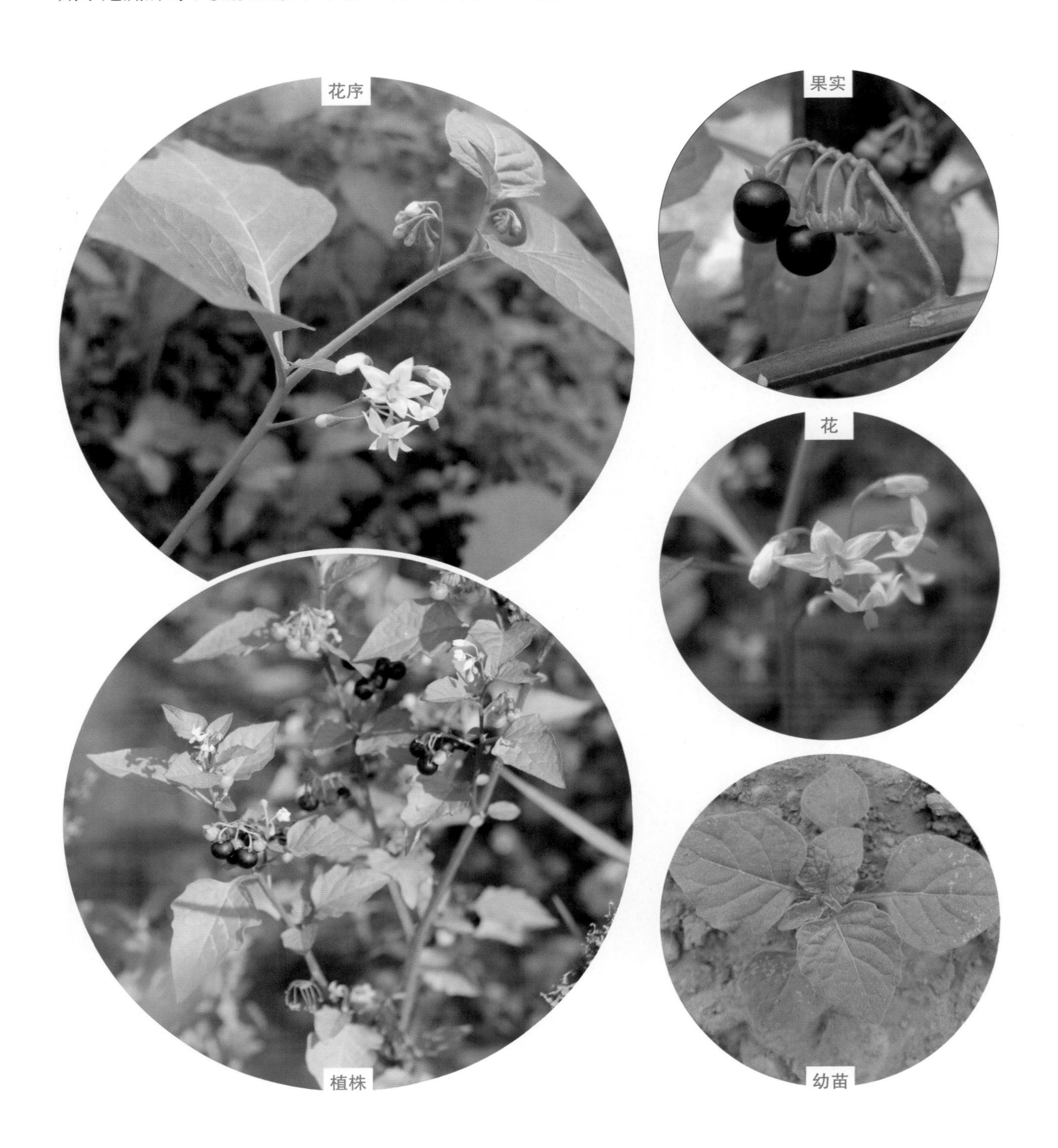

# 四十七、茜草科

本区内常见植物有茜草。

## ◎ 茜草

学名：*Rubia codifolia* L.　　别名：血见愁、地苏木、土丹参

生境：生于山坡岩石旁或沟边草丛中。

分布：广布于辽河干流地区。

用途：入药有凉血，止血，祛瘀，通经，镇咳，祛痰之功效；也是一种天然染料。

叶片　花　植株　果实

# 四十八、忍冬科

本区内常见植物有金银忍冬、锦带。

## ◎ 金银忍冬

**学名**：*Lonicera maackii* (Rupr.) Maxim.　　**别名**：金银木

**生境**：性强健，喜光，耐半阴，耐旱，耐寒；喜湿润肥沃及深厚之土壤。

**分布**：辽河干流地区常见栽培植物。

**用途**：花是优良的蜜源，果是鸟的美食，并且全株可药用；是园林绿化中最常见的树种之一，常被丛植于草坪、山坡、林缘、路边或建筑周围观果，老桩可制作盆景。

花序

花

果实

## ◎ 锦带

**学名**：*Weigela florida* (Bunge) DC.　　**别名**：五色海棠、海仙花

**生境**：喜光，耐阴，耐寒；对土壤要求不严，能耐瘠薄土壤，但以深厚、湿润而腐殖质丰富的土壤生长最好，怕水涝；萌芽力强，生长迅速。

**分布**：辽河干流地区常见栽培植物。

**用途**：锦带花枝叶茂密，花色艳丽，花期长，是主要的早春花灌木；适宜庭院墙隅、湖畔群植；也可在树丛林缘作花篱、丛植配植；可点缀于假山、坡地。

花

果实

植株

# 四十九、败酱科

本区内常见植物有败酱、缬草、异叶败酱。

## ◎ 败酱

学名：*Patrinia scabiosaefolia* Fisch. ex Trey.　　别名：苦斋、黄花龙牙

生境：生于山坡草丛中。

分布：主要分布于七星山。

用途：根状茎和根有镇静作用，清热利湿、解毒排脓、活血化瘀，主治阑尾炎、肠炎、肝炎、痢疾、产后瘀血腹痛，痈肿疔疮；根含少量挥发油、多种皂苷、葡萄糖等。

花

## ◎ 缬草

学名：*Valeriana alternifolia* Bunge　　别名：欧缅草

生境：生于山坡草地、灌丛、草甸。

分布：主要分布于七星山附近。

用途：在药理学和本草疗法中是一种草药，其根部作为膳食补充剂使用；缬草经浸软、研磨、脱水后被放入方便的包装中，如胶囊，具有镇静和抗焦虑等作用。16 世纪时人们曾利用缬草制作香料。

花

叶片

# 五十、桔梗科

本区内常见植物有多岐沙参、桔梗、聚花风铃草。

## ◎ 多岐沙参

**学名**：*Adenophora wawreana* Zahlbr.　　**别名**：包袱花

**生境**：生于海拔 2 000 m 以下阴坡草丛或灌木林中，或多生于疏林下、砾石中或岩石缝中。

**分布**：鲁家大桥附近。

花　花　叶片

## ◎ 桔梗

学名：*Platycodon grandiflorum* (Jacq.) DC.　　别名：包袱花、铃铛花

生境：生于草地、山坡、灌丛、草原草甸。

分布：主要分布于七星山附近。

用途：可作观赏花卉；朝鲜族人用作野菜食用；其根可入药，有止咳祛痰、宣肺、排脓等作用。

花

果实

植株

# 五十一、菊科

## ◎ 普通豚草

学名：*Ambrosia artemisiifolia* L.　　别名：豚草、艾叶破布草

生境：喜湿怕旱，抗寒性极强。

分布：广布于辽河干流地区。

用途：外来入侵植物，为常见农田杂草。

叶片

幼苗

群体

## ◎ 三裂叶豚草

学名：*Ambrosia trifida* L.　　别名：大破布草

生境：喜湿怕旱，抗寒性极强。

分布：广布于辽河干流地区。

用途：外来入侵植物，是威胁人类健康和作物生产的危险性杂草。

## ◎ 黄花蒿

**学名**：*Artemisia annua* L.　　**别名**：草蒿、青蒿、臭蒿

**生境**：生于山坡、林缘、荒地、田边。

**分布**：广布于辽河干流地区。

**用途**：全草可入药，全草清热，祛风，止痒；治暑热发痧，潮热，小儿惊风，热泻，皮肤湿痒等；子治痨，下气，开胃，止盗汗。

## ◎ 茵陈蒿

**学名**：*Artemisia capillaris* Thunb.　　**别名**：茵陈、日本茵陈、绒蒿

**生境**：生于沙质河、湖、海岸、干燥丘陵地、草原、灌丛。

**分布**：广布于辽河干流地区。

**用途**：全草可入药，利胆、保肝、解热、镇痛、消炎。

植株

群体

幼叶

## ◎ 万年蒿

学名：*Artemisia sacrorum* Ledeb.　　别名：白莲蒿、铁杆蒿

生境：生于草原、多石质山坡、空旷地、杂木林灌丛。

分布：主要分布于七星山附近。

用途：药用有清热解毒、凉血止痛之功效；羊、骆驼喜食，其次是马，牛多不采食。

植株　　萌枝

## ◎ 林中蒿

学名：*Artemisia sylvatiea* Maxim.　　别名：阴地蒿、林地蒿

生境：生于低海拔湿润地区的林下、林缘或灌丛下荫蔽处。

分布：广布于辽河干流地区。

叶片

群体 1

群体 2

## ◎ 鬼针草

学名：*Bidens bipinata* L.　　别名：三叶鬼针草、四方枝、虾钳草

生境：生于村旁、路边及荒地中。

分布：广布于辽河干流地区。

用途：可药用，清热解毒，散瘀消肿；用于阑尾炎，肾炎，胆囊炎，肠炎，细菌性痢疾，肝炎，腹膜炎，上呼吸道感染，扁桃体炎，喉炎，闭经，烫伤，毒蛇咬伤，跌打损伤，皮肤感染，小儿惊风、疳积等症。

花　植株　叶片

## ◎ 狼把草

学名：*Bidens tripartita* L.　　别名：鬼叉、鬼针、鬼刺

生境：生于湿草地、沟旁、稻田边等地。

分布：广布于辽河干流地区。

用途：全草可入药，性味苦、甘、平；能清热解毒，养阴敛汗；主治感冒、扁桃体炎、咽喉炎、肠炎、痢疾、肝炎、泌尿系统感染、肺结核盗汗、闭经；外用治疖肿、湿疹、皮癣。

叶片　果序　植株　果

## ◎飞廉

学名：*Carduus nutans* L.　别名：飞轻、天荠、伏猪

生境：生于山谷、田边或草地。

分布：广布于辽河干流地区。

用途：夏、秋季花盛开时采割全草；春、秋季挖根，去杂质，鲜用或晒干用；药用或作绿肥用。

植株　茎　花　幼叶　群体

## ◎ 野菊花

学名：*Chrysanthemum indicum* L.　　别名：油菊、疟疾草、苦薏

生境：生于山坡、草地、灌丛、河边水湿地、滨海盐渍地、田边及路旁。

分布：主要分布于七星山附近。

用途：叶、花及全草入药。味苦、辛、凉，清热解毒，疏风散热，散瘀，明目，降血压；防治流行性脑脊髓膜炎，预防流行性感冒、感冒，治疗高血压、肝炎、痢疾、痈疖疔疮都有明显效果。野菊花的浸液对杀灭孑孓及蝇蛆也非常有效。

## ◎ 大蓟

**学名**：*Cirsium japonicum* Fisch. ex DC.　　**别名**：老牛锉、千针草、牛戳口

**生境**：生于林下、林缘湿草地、撂荒地。

**分布**：广布于辽河干流地区。

**用途**：有凉血止血、行瘀消肿之功效。

幼叶

花

叶片

群体

## ◎ 刺儿菜

学名：*Cirsium segetum*（willd.）MB.　　别名：刺刺芽

生境：中生植物，普遍群生于撂荒地、耕地、路边、村庄附近，为常见的杂草。

分布：广布于辽河干流地区。

用途：入药可凉血止血，祛瘀消肿；用于衄血，吐血，尿血，便血，崩漏下血，外伤出血，痈肿疮毒。

幼苗　花蕾　植株　花

## ◎ 波斯菊

学名：*Cosmos bipinnata* Car.　　别名：秋英

生境：生于草地边缘，树丛周围及路旁成片栽植。

分布：广布于辽河干流地区，为逸生植物。

用途：波斯菊株形高大，叶形雅致，花色丰富，有粉、白、深红等色，适于布置花境，在草地边缘、树丛周围及路旁成片栽植美化绿化，颇有野趣；重瓣品种可作切花材料；适合作花境背景材料，也可植于篱边、山石、崖坡、树坛或宅旁。

植株　花

## ◎ 加拿大蓬

学名：*Erigeron cannadensis* L.　　别名：小飞蓬、小白酒草

生境：生于河滩、渠旁、路边或农田，易形成大片群落。

分布：广布于辽河干流地区。

用途：入药有抗菌消炎的作用。

群体

幼苗

苗期植株

果

## ◎ 菊芋

学名：*Helianthus tuberosus* L.　　别名：洋姜

生境：耐寒抗旱，耐瘠薄，对土壤要求不严，除酸性土壤、沼泽和盐碱地带不宜种植外，一些不宜种植其他作物的土地，如废墟、宅边、路旁都可生长。

分布：广布于辽河干流地区。

用途：可供药用、食用。其地下块茎富含淀粉、菊糖等果糖多聚物，可以食用，煮食或熬粥，腌制咸菜，晒制菊芋干，或作制取淀粉和酒精原料；地上茎也可加工作饲料；其块茎或茎叶入药具有利水除湿，清热凉血，益胃和中之功效。宅舍附近种植兼有美化作用。

幼苗　　花

根　　植株

## ◎ 泥胡菜

学名：*Hemistepta lyrata* Bunge 别名：剪刀草、石灰菜、苦郎头

生境：生于路旁、荒草丛中或水沟边。

分布：广布于辽河干流地区。

用途：是一种春季短期饲用牧草。另外，全草可入药，具有清热解毒，消肿散结功效，可治疗乳腺炎，疔疮、颈淋巴炎、痈肿，牙痛、牙龈炎等病症。

花

基生叶

果实

## ◎ 狗娃花

学名：*Heteropappus hispidus* (Thunb.) Less.　　别名：斩龙戟、狗哇花

生境：生于荒地、路旁、林缘及草地。

分布：主要分布于七星山附近。

用途：根入药可解毒消肿。

花序侧面

花序

植株

## ◎ 旋覆花

学名：*Inula japonica* Thunb.　　别名：金佛花、毛耳朵、百叶草

生境：生于山坡路旁、湿润草地、河岸和田埂上。

分布：广布于辽河干流地区。

用途：入药可降气，消痰，行水，止呕。用于风寒咳嗽，痰饮蓄结，胸膈痞满，喘咳痰多，呕吐噫气，心下痞硬。

## ◎ 苦荬菜

学名：*Ixeris denticulata* Stebb.　　别名：苦菜、节托莲、苦麻菜

生境：生于低山的山坡、路旁草地。

分布：广布于辽河干流地区。

用途：入药可治肺痈，乳痈，血淋，疖肿，跌打损伤。

## ◎ 抱茎苦荬菜

学名：*Ixeridium sonchifolium* (Maxim.) Shih　　别名：苦碟子

生境：生于路边、山坡，荒野。

分布：广布于辽河干流地区。

用途：嫩茎叶可作鸡鸭饲料；全株可为猪饲料。另据记载，全草可入药，能清热、解毒、消肿。

幼苗

茎生叶

基生叶

## ◎ 山莴苣

学名：*Lactuca indica* L.　　别名：土莴苣、鸭子食、驴干粮

生境：生于田间、路边、灌丛或滨海处。

分布：广布于辽河干流地区。

用途：全草入药，性寒，味苦，有清热解毒，活血祛瘀，健胃之功效，可治疗阑尾炎、扁桃腺炎、疮疖肿毒、宿食不消、产后瘀血。

花

植株

叶片

## ◎ 大丁草

学名：*Leibnitzia anadria* (L.) Turcz.　　别名：烧金草

生境：生于山坡路旁、林边、草地、沟边等阴湿处。

分布：广布于辽河干流地区。

用途：入药可清热利湿，解毒消肿，止咳，止血。用于肺热咳嗽，肠炎，痢疾，尿路感染，风湿关节痛；外用治乳腺炎，痈疖肿毒，臁疮；烧烫伤，外伤出血。

幼叶

花

植株

## ◎ 鸦葱

学名：*Scorzonera glabra* Rupr.　　别名：罗罗葱、谷罗葱、兔儿奶

生境：生于山坡、草地。

分布：广布于辽河干流地区。

用途：全草入药，可清热解毒，活血消肿。外用治疗疮，痈疽，毒蛇咬伤，蚊虫叮咬，乳腺炎。

植株

果

花

## ◎ 苣荬菜

学名：*Sonchus brachyotus* DC.　　别名：荬菜、苣菜

生境：生于路边、地旁、庭园等地。

分布：广布于辽河干流地区。

用途：苣荬菜具有清热解毒、凉血利湿、消肿排脓、祛瘀止痛、补虚止咳的功效，对预防和治疗贫血病，维持人体正常生理活动，促进生长发育和消暑保健有较好的作用；苣荬菜水煎浓缩乙醇提取液，对急性淋巴细胞性白血病、急性及慢性粒细胞白血病都有抑制作用。

苗期植株　幼苗　花　花期植株

## ◎ 蒲公英

学名：*Taraxacum mongolicum* Hand.-Mazz.　　别名：婆婆丁

生境：生于荒地、路边、河边、沟边湿草地。

分布：广布于辽河干流地区。

用途：全草入药有清热解毒、清利湿热之功效。

花

果实

植株

## ◎ 苍耳

**学名**：*Xanthium sibiricum* Patin ex Willd.　**别名**：卷耳、葹、苓耳

**生境**：生于田间、撂荒地、荒山坡、宅旁。

**分布**：广布于辽河干流地区。

**用途**：茎皮制成的纤维可以做麻袋、麻绳。苍耳子油是一种高级香料的原料，并可作油漆、油墨及肥皂硬化油等，还可代替桐油。入药治麻风，种子利尿、发汗。茎叶捣烂后涂敷，治疥癣，虫咬伤等。苍耳子悬浮液可防治蚜虫，如加入樟脑，杀虫率更高，苍耳子石灰合液可杀蚜虫。苍耳子可作猪的精饲料。

## ◎ 意大利苍耳

学名：*Xanthium italicum* Moretti　别名：瘤突苍耳

生境：很少大面积分布，对环境适应性较强。

分布：广布于辽河干流地区。

用途：一种入侵植物。

群体　花序　果　植株

# 五十二、香蒲科

本区内常见植物有香蒲。

## ◎ 香蒲

学名：*Typha orientalis* Presl.　　别名：蒲草、蒲菜、猫尾草

生境：生于水边或沼泽中。

分布：广布于辽河干流地区。

用途：经济价值较高，除花粉入药外，叶片用于编织、造纸等；幼叶基部和根状茎先端可作蔬食；雌花序可作枕芯和坐垫的填充物，是重要的水生经济植物之一。另外，该种叶片挺拔，花序粗壮，常作为花卉观赏。

群体

植株

# 五十三、黑三棱科

本区内常见植物有黑三棱。

## ◎ 黑三棱

学名：*Sparganium coreanum* Levl.　　别名：三棱、泡三棱

生境：生于水边或沼泽中。

分布：广布于辽河干流地区。

用途：其干燥块茎具有祛瘀通经、破血消症、行气消积等功效。

植株

# 五十四、眼子菜科

本区内常见植物有眼子菜。

## ◎ 眼子菜

学名：*Potamogeton oxyphyllus* Miq.　　别名：鸭子草、水案板、水上漂

生境：生于池沼中。

分布：广布于辽河干流地区流速缓慢水体或静水中。

用途：是为害水稻生产的恶性杂草，全草可入药。

叶片

植株

# 五十五、花蔺科

本区内常见植物有花蔺。

## ◎ 花蔺

学名：*Butomus umbellatus* L.

生境：生于常年积水的池沼、洼地或沿河湿沙地。

分布：广布于辽河干流地区。

用途：根茎含淀粉 37%～40%，酿造 60 度酒的出酒率达 24%～26%；又可制淀粉用；花、叶美观，可供观赏。

花及果实

植株

花

# 五十六、禾本科

## ◎ 菵草

学名：*Beckmannia syzigachne* (Steud.) Fern.　　别名：水稗子、菵米

生境：生于水边湿地及河岸上。

分布：广布于辽河干流地区。

用途：青草在开花前，马、牛、羊均喜食，开花结实后，马、牛、羊均乐食，但适口性降低；果后枯黄，家畜放牧时基本不采食。菵草的果实可作为精料，亦可食用。

植株

群体

果序

## ◎ 野青茅

学名：*Calamagrostis arundinacea*. (L.) Roth

生境：生于山坡草地及湿草地。

分布：广布于辽河干流地区。

用途：草质柔软，适口性强，各种家畜均喜食，放牧或刈割均可，花期粗蛋白含量占干物质的8.59%，属良等牧草。

群体

根系

## ◎ 少花蒺藜草

学名：*Cenchrus pauciflorus* Benth　　别名：草狗子、草蒺藜

生境：生于干燥、干旱沙质土壤、丘陵、沙岗、沙丘、堤坝、路边、农田中。

分布：仅见于新民柳河入河口。

用途：为外来入侵植物。幼苗期各种草食动物喜食无危害；结籽成熟期因果实有刺，刺口腔形成溃疡；草食家畜食入成熟的刺包后，附着在肠胃等消化道的侧壁上，被黏膜包入形成结节，影响正常的消化吸收功能，造成畜体消瘦，严重时可造成肠胃穿孔引起死亡。

果实

植株

群体

## ◎ 虎尾草

学名：*Chloris virgate* Swartz.　　别名：棒槌草、大屁股草

生境：生于路边及草地。

分布：广布于辽河干流地区。

用途：入药有祛风除湿，解毒杀虫的功效。

穗

群体

## ◎ 马唐

学名：*Digitaria sanguinalis* (L.) Scop.　　别名：羊麻、抓根草、鸡爪草

生境：生于山坡草地和荒野路旁。

分布：广布于辽河干流地区。

用途：是秋熟旱作物地恶性杂草。入药有明目润肺的功效。

植株

## ◎ 野稗

学名：*Echinochloa crusgalli* (L.) Beauv.　　别名：稗、稗草

生境：生于沼泽、沟渠旁、低洼荒地及稻田中。

分布：广布于辽河干流地区。

用途：是一种很好的饲养原料，根及幼苗可药用，能止血，主治创伤出血。茎叶纤维可作造纸原料。

## ◎ 牛筋草

学名：*Eleusine indica* (L.) Gaertn.　　别名：千千踏、忝仔草

生境：生于路边及荒草地。

分布：广布于辽河干流地区。

用途：入药主治清热，利湿。

果穗

小穗

## ◎ 大画眉草

学名：*Eragrostis cilianensis* (All.) Link　　别名：西连画眉草

生境：生于荒芜草地上。

分布：广布于辽河干流地区。

用途：用作药材。大画眉草具有利尿通淋，疏风清热的功效；大画眉草花则具有解毒、止痒之功效。此外，该种还是饲用植物，可作青饲料或晒制牧草。

植株

## ◎ 光稃茅香

学名：*Hierochloe glabra* Trin.　　别名：香茅、黄香草

生境：生于沙地及山坡湿地。

分布：广布于辽河干流地区。

用途：为优良禾本科饲料。

幼果

果实

## ◎ 芦苇

学名：*Phragmites australis* (Clav.) Trin.

生境：多生于低湿地或浅水中。

分布：广布于辽河干流地区。

用途：芦苇成活率高、生活力强，是景点旅游、水面绿化、河道管理、净化水质、沼泽湿地、置景工程、护土固堤、改良土壤之首选。

群体（苗期） 群体（果期） 果实 花序

## ◎ 纤毛鹅观草

学名：*Roegneria ciliaris* (Trin.) Nevski

生境：生于山坡、草地、路旁。

分布：广布于辽河干流地区。

用途：抽穗前茎叶柔软，适口性好，各种家畜均喜食。

果实（外稃）　植株

果实

## ◎ 狗尾草

学名：*Setaria viridis* (L.) Beauv.　　别名：绿狗尾草、狗尾巴草

生境：生长于荒野、道旁。

分布：广布于辽河干流地区。

用途：为常见主要杂草，生长极为普遍。也是牛驴马羊爱吃的植物。

植株　群体　叶片

## ◎ 荻

学名：*Triarrherca sacchariflora* (Maxin.) Nakai　　别名：荻草、霸土剑

生境：生于山坡，河岸湿地。

分布：广布于辽河干流地区。

用途：入药有清热活血的功效；用于妇女干血痨、潮热、产妇失血口渴、牙疼等症。

果实

群体

# 五十七、莎草科

## ◎ 球穗莎草

学名：*Cyperus difformis* L.　　别名：香附子、回头青

生境：生于湿地或水边。

分布：广布于辽河干流地区。

用途：是稻田及低温地旱田常见杂草；生活力、繁殖力很强，较难铲除。

果实

## ◎ 碎米莎草

学名：*Cyperus iria* L.　　别名：三方草

生境：生于田间、山坡、路旁阴湿处。

分布：广布于辽河干流地区。

用途：为秋熟地主要杂草，湿润旱地危害较重，水稻田中也有发生。

果实

花序

## ◎ 荆三棱

学名：*Scirpus fluviatilis* (Torr.) A. Gray　　别名：三棱草

生境：生于沼泽、湿地及浅水中。

分布：广布于辽河干流地区。

用途：野生花卉，可植于沼泽地、湿地或水边。为药用植物。

植株

群体

果实

## ◎ 萤蔺

学名：*Scirpus juncoides* Roxb.

生境：生于水稻田、池边或浅水边。

分布：广布于辽河干流地区。

用途：田间常见杂草，危害较大。

群体

花序

## ◎ 藨草

**学名**：*Scirpus triqueter* L.　　**别名**：野荸荠、光棍子、光棍草

**生境**：生于河边、溪塘边、沼泽地及低洼潮湿处。

**分布**：广布于辽河干流地区。

**用途**：藨草挺拔直立，色泽光雅洁净，主要用于水面绿化或岸边、池旁点缀，较为美观，也可盆栽庭院摆放或沉入小水景中作观赏用。全草入药，主治食积气滞，嗝逆饱胀等症；秆可代替细麻绳包扎东西。

果实

## 五十八、天南星科

本区内常见植物有菖蒲。

### ◎ 菖蒲

学名：*Acorus calamus* L.　　别名：臭菖蒲、水菖蒲、泥菖蒲

生境：生于浅水池塘、水沟边及水湿地。

分布：广布于辽河干流地区。

用途：菖蒲叶丛翠绿，端庄秀丽，具有香气，适宜水景岸边及水体绿化。也可盆栽观赏或作布景用。叶、花序还可以作插花材料。可栽于浅水中，或作湿地植物，是水景园中主要的观叶植物。全株芳香，可作香料或驱蚊虫；茎、叶可入药。

群体

根状茎

果实

# 五十九、浮萍科

本区内常见植物有浮萍。

## ◎ 浮萍

**学名**：*Lemna minor* L.　别名：水萍、水花、萍子草

**生境**：生于池沼、河、湖边缘的静水中。

**分布**：广布于辽河干流地区。

**用途**：为良好的猪饲料、鸭饲料，也是草鱼的饵料。以带根全草入药，性寒，味辛，功能发汗透疹、清热利水，主治表邪发热、麻疹、水肿等症。

叶片

# 六十、鸭跖草科

本区内常见植物有鸭跖草。

## ◎ 鸭跖草

学名：*Commelina communis* L.　　别名：鸡舌草、鼻斫草、碧竹子

生境：生于路旁、田边、河岸、宅旁、山坡及林缘阴湿处。

分布：广布于辽河干流地区。

用途：入药有清热解毒，利水消肿的功效。

植株　花

幼苗　果实

# 六十一、雨久花科

本区内常见植物有雨久花。

## ◎ 雨久花

学名：*Monochoria korsakowii* Regel et Maack　　别名：浮蔷、蓝花菜

生境：生于稻田、池沼及水沟边。

分布：广布于辽河干流地区。

用途：嫩茎叶入药有清热、去湿、定喘、解毒的功效。

群体　　花

植株

# 六十二、百合科

本区内常见植物有薤白、野韭、细叶韭、球序韭、南玉带、曲枝天门冬、山丹、热河黄精、玉竹。

## ◎ 薤白

学名：*Allium macrostemon* Bunge　　别名：小根蒜、山蒜、苦蒜

生境：生于耕地杂草中及山地较干燥处。

分布：广布于辽河干流地区。

用途：是中药薤白基原之一，主治胸痹心痛彻背、胸脘痞闷、咳喘痰多、脘腹疼痛、泻痢后重、白带、疮疖痈肿。

花

果实

植株

# 六十三、鸢尾科

本区内常见植物有射干、马蔺、单花鸢尾。

## ◎ 马蔺

学名：*Iris lactea* Pall. var. chinensis (Fisch.) Koidz　　别名：马兰花

生境：生于荒地、路旁、砂地及山坡草丛中。

分布：广布于辽河干流地区。

用途：马蔺自古以来在中国广为种植，在孔子的《家语》、屈原的《离骚》、李时珍的《本草纲目》等中都有对马蔺的记载，作为优良的水土保持、放牧、观赏和药用植物在历史和自然中都占有一席之地。

植株

群体

花

# 参考文献


白永新，许志信，李德新．内蒙古针茅草原 $\alpha$ 多样性．生物多样性，2000，8（4）：408-412.

曹飞，宋晓玲，何云核，等．惠州红树林自然保护区外来入侵植物调查．植物资源与环境学报，2007，16（4）：61-66.

陈慧丽，李玉娟，李博，等．外来植物入侵对土壤生物多样性和生态系统过程的影响．生物多样性，2005，13（6）：555-565.

陈利云，王弋博．麦积山草地植物群落物种多样性及结构相似性特征．干旱区资源与环境，2014，28（1）：148-152.

程雷星，陈克龙，汪诗平，等．青海湖流域小泊湖湿地植物多样性．湿地科学，2013，11（4）：460-465.

单衍方．银川市部分城市湿地水生植物多样性调查及评价．宁夏农林科技，2013，54（7）：88-89，122.

董哲仁，孙东亚，赵进勇，等．河流生态系统结构功能整体性概念模型．水科学进展，2010，21（4）：550-559.

黄泽东，杨森，李建霞，等．内蒙古白音敖包国家自然保护区种子植物多样性及区系研究．西北植物学报，2014，34（3）：614-622.

江明喜，邓红兵，唐涛，等．香溪河流域河岸带植物群落物种丰富度格局．生态学报，2002，22（5）：629-635.

李军保，刘东林，吐尔逊娜依•热依木江，等．伊犁河谷围封草地群落组成及植物多样性的变化．草业科学，2013，30（5）：736-742.

李书心．辽宁植物志．辽宁：辽宁科学技术出版社，1988.

李伟．洪湖水生维管束植物区系研究．武汉植物学研究，1997，15（2）：113-122.

李媛媛，曹伟．辽宁省入侵植物现状与防治对策．环境保护与循环经济，2009，46-48.

李振宇，解焱．中国外来入侵种．北京：中国林业出版社，2002.

梁晓东，叶万辉．美国对入侵种的对策．生物多样性，2001，9（1）：90.

廖秉华．黄河流域河南段不同环境梯度下的植物多样性及其动态研究．郑州：河南大学，2013.

刘灿然，马克平，于顺利．北京东灵山地区植物群落多样性研究Ⅵ几种类型植物群落物种数目的估计．生态学报，1998，18（2）：138-150.

刘佳凯，姚可侃，夏阳，等．北京松山自然保护区外来入侵植物研究．中国农学通报，2012，28（31）：91-95.

刘建军，吴秀芹．塔里木河下游土地利用格局的景观生态学评价．干旱环境调查，2002，16（4）：210-211，222.

刘坤，戴俊贤，唐成丰，等．安徽湿地维管植物多样性及植被分类系统研究．生态学报，2014，19：1-20.

刘全儒，于明，周云龙．北京地区外来入侵植物的初步研究．北京师范大学学报（自然科学版），2002，38（3）：399-404.

刘慎谔．东北植物检索表．北京：科学出版社，1959.

陆胤，许晓路，张德勇，等．京杭大运河（杭州段）典型断面水生植物多样性调查及其与水环境相关性研究．环境科学，2014，35（5）：1708-1717.

吕佳佳，吴建国. 气候变化对植物及植被分布的影响研究进展. 环境科学与技术，2009，32（6）：85-95.

马克平，刘玉明. 生物群落多样性的测度方法. Ⅰ. α 多样性的测度方法（下）. 生物多样性，1994，2（4）：231-239.

马克平，钱迎倩，王晨. 生物多样性研究的现状与发展趋势. 科技导报，1995，1：27-30.

马克平，钱迎倩. 生物多样性保护及其研究进展. 应用与环境生物学报，1998，4（1）：95-99.

马克平. 生物群落多样性的测度方法. Ⅰ. α 多样性的测度方（上）. 生物多样性，1994，2（3）：162-168.

倪晋仁，马蔼乃. 河流动力地貌学. 北京：北京大学出版社，1998.

潘晓玲，党荣理，任光和. 西北干旱荒漠区植物区系地理与资源利用. 北京：科学出版社. 2001：28-57.

彭少麟，向言词. 植物外来种入侵及其对生态系统的影响. 生态学报，1999，19（4）：560-568.

秦卫华，王智，徐网谷，等. 海南省 3 个国家级自然保护区外来入侵植物的调查和分析. 植物资源与环境学报，2008，17（2）：44-49.

秦卫华，余水评，蒋明康，等. 上海市国家级自然保护区外来入侵植物调查研究. 杂草科学，2007：29-33.

曲波，张薇，翟强，等. 辽宁省外来入侵有害生物特征初步分析. 草业科学，2011，27（9）：38-44.

盛茂银，熊康宁，崔高仰，等. 贵州喀斯特石漠化地区植物多样性与土壤理化性质研究. 生态学报，2015，35（2）：1-23.

宋永昌. 植被生态学. 上海：华东师范大学出版社，2001.

谭雪红，张翠英. 徐州地区主要省道的植物多样性研究. 水土保持通报，2013，33（3）：191-196.

汪永华，陈北光，苏志尧. 物种多样性研究的进展. 生态科学，2000，9（3）：51.

王荷生. 中国植物区系的性质和各成分间的关系. 地理学报，1979，34（3）：224-237.

王荷生. 华北植物区系地理. 北京：科学出版社，1997.

王荷生. 植物区系地理. 北京：科学出版社，1992：2-69.

王艳龙. 北京翠湖湿地维管束植物多样性及其保护对策，湿地科学与管理，2012，8（3）：26-28.

吴征镒，王荷生. 中国自然地理——植物地理（上册）. 北京：科学出版社，1983.

吴征镒. 中国种子植物属的分布区类型. 云南植物研究，增刊Ⅳ：1-139，1991.

夏会娟，张远，孔维静，等. 东辽河河岸带草本植物物种多样性及群落数量分析. 生态学杂志，2014.

雄红，刘永碧. 植物引种与生物入侵. 自然杂志，2004，25（6）：351-354.

徐海根，强胜，韩正敏，等. 中国外来入侵物种的分布与传入路径分析. 生物多样性. 2004，12（6）：626-638.

徐海根，强胜. 中国外来生物编目. 北京：中国环境科学出版社.

徐海根，王健民，强胜，等.《生物多样性公约》热点研究. 北京：科学出版社，2004：38-41.

徐远杰，陈亚宁，李卫红，等. 伊犁河谷山地植物群落物种多样性分布格局及环境解释. 植物生态学报，2010，34（10）：1142-1154.

许军，王召滢，唐山，等. 鄱阳湖湿地植物多样性资源调查与分析. 西北林学院学报，2013，28（3）：93-97.

张光富，钱钰. 板桥自然保护区木本植物区系地理成分分析. 南京师范大学学报（自然科学版），2003，26（3）：61-67.

张金屯. 数量生态学. 北京：科学出版社，2004.

张萌，倪乐意，曹特，等. 太湖上游水环境对植物分布格局的影响机制. 环境科学与技术，2010，33，（3）：171-178.

张艳丽，李智勇，杨军，等. 杭州城市绿地群落结构及植物多样性. 东北林业大学学报，2013，41（11）：25-30.

张育新，马克平，祁建，等．北京东灵山辽东栎林植物物种多样性的多尺度分析．生态学报，2009，29（5）：2179-2185.

赵鸣飞，康慕谊，刘全儒，等．东江干流河岸带植物多样性分布规律及影响因素．资源科学，2013，35（3）：488-495.

中国植被编辑委员会．中国植被．北京：科学出版社，1980.

朱清海，徐春河，毛艳．盘锦地力及其培肥途径．盐碱地利用，1992，4：1-4.

Aguiar M R, Paruelo J M, Sala O E et al. Ecosystem responses to changes in plant functional type composition: An example from the Patagonian steppe. J Veg Sci, 1999, 7: 381-390.

Balvanera P, Pfisterer A B, Buchmann N, et al. Quantifying the evidence for biodiversity effects on ecosystem functioning and services. Ecology Letters, 2006, 9(10): 1146-1156.

Chen Jian,Yu Qing-guo,Yang Yu-ming. A Study on Alien Invasive Plants from the Interactive Mechanism between Species Niche and Material /Energy Flow. Agricultural Science &Technology, 2011, 12(1): 14-19.

Gould W A, Walker M D. Plant communities and landscape diversity along a Canadian Arctic river. Journal of Vegetation Science, 1999, 10(4): 537-548.

Hendrickx F, Maelfait J P, Van Wingerden W, et al. How landscape structure, land-use intensity, and habitat diversity affect components of total arthropod diversity in agricultural landscapes. Journal Applied of Ecology, 2007, 44(2): 340-351.

Hook P B, Olson B E, Wraith J M. Effects of the invasive forb Centaureamaculosa on grassland carbon and nitrogen pools in Montana, USA .Ecosystems, 2004, 7(6):686-694.

Hooper D, Vitousek P. The effect of Plant composition and diversity on ecosystem process. Sci-ence, 1997, 277: 1302-1350.

Kourtev P S, Ehrenfeld JG, Haggblom M. Exotic plant species alter the microbial community structure and function in the soil. Ecology, 2002, 83: 3152-3166.

Mayden RL. A hierarchy of species concepts: the denouement in the saga of the species problem. Systematic Association (Special Volum), 1997, 54: 381-242.

Raunkiar C. The life form of plants and statistical plant geography. New York: Oxford University, 1932, 2-104.

Risser P G, Karr J R, Forman R T T. Landscape ecology: directions and approaches. Illinois Natural History Survey, Champaign, IL, USA, 1984.

Sala O E, Chapin F S, Armesto J J, et al. Global biodiversity scenarios for the year 2100. Science, 2000, 287(5459):1770-1774.

Stokstad E. A second chance for rainforest biodiversity. Science, 2008, 320: 1436-1438.

Wu J G.Landscape ecology, cross-disciplinarity, and sustainability science. Landscape Ecology, 2006, 21(1):1-4.